全国职业培训推荐教材
劳动和社会保障部教材办公室评审通过
适用于职业技能短期培训使用

Word 入门与应用

马 力 主编

中国劳动社会保障出版社

图书在版编目(CIP)数据

Word 入门与应用/马力编著. —北京：中国劳动社会保障出版社，2005

职业技能短期培训教材

ISBN 7-5045-4855-3

Ⅰ.W… Ⅱ.马… Ⅲ.文字处理系统，Word 2003-技术培训-教材 Ⅳ.TP391.12

中国版本图书馆 CIP 数据核字(2005)第 013249 号

中国劳动社会保障出版社出版发行

(北京市惠新东街1号 邮政编码：100029)

出 版 人：张梦欣

*

煤炭工业出版社印刷厂印刷装订 新华书店经销
850 毫米×1168 毫米 32 开本 4.125 印张 106 千字
2005 年 4 月第 1 版 2014 年 1 月第 8 次印刷
定价：8.00 元

读者服务部电话：010-64929211/64921644/84643933
发行部电话：010-64961894
出版社网址：http://www.class.com.cn

版权专有 侵权必究
举报电话：010-64954652
如有印装差错，请与本社联系调换：010-80497374

前 言

职业技能培训是提高劳动者知识与技能水平、增强劳动者就业能力的有效措施。职业技能短期培训,能够在短期内使受培训者掌握一门技能,达到上岗要求,顺利实现就业。

为了适应开展职业技能短期培训的需要,促进短期培训向规范化发展,提高培训质量,劳动和社会保障部教材办公室组织编写了职业技能短期培训系列教材。这套教材涉及第二产业和第三产业50多个职业(工种)。在组织编写教材的过程中,以相应职业(工种)的国家职业标准和岗位要求为依据,并力求使教材具有以下特点:

短。适合15~90天的短期培训,在较短的时间内,让受培训者掌握一种技能,从而实现就业。

薄。每种教材都是一本小薄册子,字数一般在10万字左右。教材中只讲述必要的知识和技能,不详细介绍有关的理论,避免多而全,强调有用和实用,从而将最有效的技能传授给受培训者。

易。内容通俗,图文并茂,容易学习和掌握。教材以技能操作和技能培养为主线,用图文相结合的方式,通过实例,一步步地介绍各项操作技能,便于学习、理解和对照操作。

这套教材适合于各级各类职业学校、职业培训机构在开展职业技能短期培训时使用。欢迎职业学校、培训机构和读者对教材中存在的不足之处提出宝贵意见和建议。

劳动和社会保障部教材办公室

简 介

本书是为初学者编写的,帮助初学者掌握 Word 软件的基本应用。主要介绍了用 Word 制作普通文稿,包括行文准备和文字输入、文字内容的编辑、文稿内容的修饰、文稿的终审与排版、文档的保存与打印输出;用表格和图形增加文稿的表现力,包括表格在行文过程中的应用、图形在行文过程中的应用。

本书在编写过程中,力求做到图文并茂、通俗易懂,尤其在介绍操作步骤时,图文对照,便于读者掌握 Word 的基本应用。

本书适合于职业技能短期培训使用。通过培训,初学者或具有一定基础的人员可以达到上岗的技能要求。

本书由马力、汪启昕、赵群群、罗艺编写,马力主编;由叶宝龙、蒋文贞审稿。

目 录

第1单元 用Word制作普通文稿 …………………（1）

1.1 行文准备及文字输入 ……………………………（2）
- 1.1.1 启动Word窗口建立新文档 ………………（2）
- 1.1.2 认识Word界面及行文环境 ………………（4）
- 1.1.3 关闭Word窗口退出行文环境 ……………（13）
- 1.1.4 熟练掌握一种汉字输入方法 ………………（15）

1.2 文字内容的编辑 …………………………………（20）
- 1.2.1 编辑对象的选择 ……………………………（20）
- 1.2.2 实现快速编辑的方法 ………………………（21）
- 1.2.3 运用"Office剪贴板"任务窗格 ……………（25）

1.3 文稿内容的修饰 …………………………………（27）
- 1.3.1 修饰文稿中的字符对象 ……………………（27）
- 1.3.2 修饰段落的对齐方式 ………………………（32）
- 1.3.3 修饰正文段落的缩进格式 …………………（33）
- 1.3.4 设置边框或底纹 ……………………………（36）
- 1.3.5 设置段落项目符号或编号 …………………（37）
- 1.3.6 用格式刷快速复制格式 ……………………（43）

1.4 文稿的终审与排版 ………………………………（45）
- 1.4.1 预览文稿页面效果 …………………………（45）
- 1.4.2 纸张大小与方向控制 ………………………（47）

1.4.3　调整纸张的页边距……………………………（48）
　　1.4.4　添加页眉和页脚信息………………………（49）
1.5　电子文档的保存与打印输出…………………………（52）
　　1.5.1　保存电子文档………………………………（52）
　　1.5.2　文稿的打印输出……………………………（55）
练习题……………………………………………………（56）

第2章　用表格和图形增加文稿表现力…………………（59）

2.1　表格在行文过程中的应用……………………………（59）
　　2.1.1　规划并创建表格结构…………………………（60）
　　2.1.2　表格结构的常规编辑技巧……………………（64）
　　2.1.3　表格应用的特殊编辑技巧……………………（74）
　　2.1.4　表格内容的修饰技巧…………………………（81）
　　2.1.5　表格在排版中的其他应用……………………（86）
2.2　图形在行文过程中的应用……………………………（91）
　　2.2.1　图形对象的基础知识…………………………（92）
　　2.2.2　设计邀请函内容………………………………（93）
　　2.2.3　设置邀请函纸张规格并输入基本信息………（93）
　　2.2.4　为文稿添加图形对象…………………………（95）
　　2.2.5　图形对象的编排………………………………（100）
　　2.2.6　图形对象的修饰………………………………（114）
练习题……………………………………………………（122）

第1章 用 Word 制作普通文稿

本章学习目标： 用 Word 制作一份普通文稿。制作过程包括行文前的准备工作、文字输入和更正、文字编辑、文稿修饰、整体排版、保存与打印。完成本章内容的学习，即可掌握制作普通文稿的基本流程。

为保证行文工作的效率和质量，希望在行文过程中应养成良好的行文习惯，即正确的工作流程（见表1—1）。

表1—1　　　　电子文档的行文工作流程

行文工作流程	目的	内容
行文准备及文字输入过程	·认识 Word 界面与行文环境，掌握工具使用方法、基础文字的输入方法 ·认识文稿结构与内容的层次关系，文稿结构化的编辑方法	启动 Word 窗口，熟悉行文环境，输入基本文字，确保内容的正确性 视图切换，文稿的结构编辑（标题级别的升降、标题结构的位移、展开和收缩标题结构）
文字内容的编辑过程	认识编辑内容，正确选择操作对象，掌握常规编辑操作的方法和技巧	6种常规操作对象的选择方法，常规编辑操作（移动、复制、删除）
文稿内容的修饰过程	认识文稿修饰的作用和类型，用修饰突出文稿内容的结构关系，增强文档的可读性	字符的修饰：字体、字号及颜色 段落的修饰：对齐、缩进、框线、背景、项目符号和编号等
文稿整体排版过程	按文稿输出的总体要求，调整并统一文稿版式	纸张大小和方向、版边尺寸的选择，标尺运用技巧，页眉和页脚设置等

续表

行文工作流程	目的	内容
文稿保存和打印输出过程	认识电子文档的保存特点；掌握保存文档的技巧 掌握文稿打印输出的基本方法	文档保存类型、保存方法 文档打印预览、打印输出方法

本章将按上述工作流程展开学习的过程，并在此过程中介绍相应的软件功能和应用方法。

1.1 行文准备及文字输入

行文准备工作通常包括两部分内容：

一是认识 Word 软件的基本使用方法，包括启动、进入和退出 Word 行文环境。

二是明确 Word 窗口的基本使用方法，包括窗口布局特点、认识操作工具的作用、存放位置和常规操作方法等。

行文的主体工作是输入文字，本节简要说明汉字的输入方法，以帮助初学者度过输入关。

下面分别介绍。

1.1.1 启动 Word 窗口建立新文档

用 Word 处理文稿通常有两种情况，一是制作新文稿；二是编辑旧文稿。但是，不论哪种情况，都需要启动 Word 窗口后才可操作。下面以 Office 2003 为例，介绍启动 Word 窗口并建立新文档的方法，具体操作步骤如下：

1）单击屏幕底部（左下角）的"开始"按钮，显示"开始"主菜单，菜单中排列了一组常用的命令图标（见图1—1）。

2）如果主菜单列表中显示"Microsoft Office Word"图标，则用鼠标左键指向该图标并单击，即可启动 Word 软件并显示相应窗口，如"文档1 - Microsoft Word"（见图1—2）。

图1—1 通过"开始"命令选择 Word 软件名称

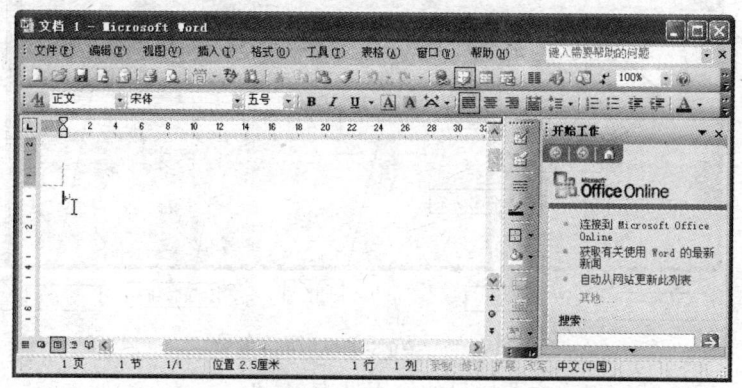

图1—2 启动 Word 窗口并提供了行文工作的环境

3)如果"开始"主菜单中未显示"Microsoft Office Word"图标(表示该软件安装后尚未使用过或不常用),则应单击"开始"主菜单列表中的"所有程序"命令项,显示二级子菜单。

4)单击二级子菜单中的"Microsoft Office"项,显示三级菜单。单击三级菜单中的"Microsoft Word 2003"命令项,稍

候即可打开 Word 软件窗口，进入行文工作区（见图 1—2）

提示：一旦应用软件被启动过，"开始"主菜单中就显示相应的启动图标（见图 1—1）。

1.1.2　认识 Word 界面及行文环境

正确认识 Word 软件在计算机屏幕上的界面状态（包括布局规律、工具区位置等），将有助于人与计算机默契的交流。本节以 Word 2003 版本为例，说明 Word 窗口布局、工具栏和常用工具的使用特点（其他版本的 Word 窗口与之相似）。

1.1.2.1　Word 软件的窗口布局及特征

启动 Word 2003 版软件后，Word 窗口具体布局（见图 1—3）。

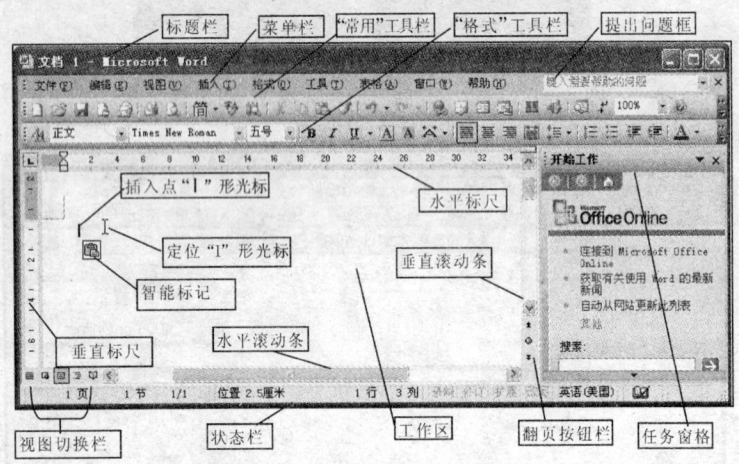

图 1—3　Word 2003 窗口布局

上述窗口中主要栏目的作用见表 1—2。

表 1—2　　Word 2003 界面各栏目的作用

栏目名称	作　　用
标题栏	显示当前工作窗口中的软件名称、文档名称及相应窗口控制工具（如"最大化""最小化""还原"和"关闭"按钮等）
提出问题框	用于即时提出问题并寻求帮助，其特点是既可以输入关键词，也可输入问题

续表

栏目名称	作用
菜单栏	显示当前软件对应的操作命令。菜单通常按类分组（分层）排列。由于菜单中包含了控制当前软件操作的全部命令，所以，有些菜单命令存在多级子菜单命令
工具栏	用于快速选择常用操作命令。默认状态下，系统显示两组工具栏，即"常用"工具栏和"格式"工具栏。前者用于处理与行文相关的日常操作（如打开、保存及打印文档；简单编辑；制表、绘图、排版等）；后者用于文档的常规修饰操作（如字体、字号、段落格式、样式等）
标尺栏	用于排版控制，包括版边与版心尺寸、段落缩进调整、制表位的控制等。标尺通常可分为水平标尺和垂直标尺
工作区	用于行文的工作范围，可在其中输入文字，建立表格并绘制图画等。日常行文过程的编辑、修饰和排版工作均在此区进行
水平滚动条	用于查看当前屏幕水平方向上显示不全的内容。水平滚动条上包括3个工具，两端各有1个按钮（用单击方法控制屏幕在水平方向上的滚动），中间1个滚动滑块（可拖拉快速处理滚动操作）
视图切换栏	用于快速切换不同的工作视图。其中5个按钮与"视图"菜单中相应命令等效
垂直滚动条	用于查看当前屏幕垂直方向上显示不全的内容，包括两端的滚动按钮和中间的滚动滑块
翻页按钮栏	用于文稿内容的垂直方面的快速定位切换（包括页、节、批注等）。该组工具包括向前、向后和选择浏览对象3个按钮
任务窗格	提供与当前位置相关的一组快捷操作命令。Word内置了8组任务窗格，用于指导8类不同的操作。系统将根据工作性质的不同，自动切换任务窗格。例如：打开新文档时则自动显示"新建文档"窗格，其中包含与新文档相关的若干命令；如果选择"插入图片"命令后，将自动变为"插入剪贴画"任务窗格，并提供与之相关的操作命令。任务窗格的切换也可以按使用者的意愿自行调整
智能标记	用于随时提供相关操作的选择内容。通常在复制、粘贴操作后，显示于粘贴对象的右下角。单击后显示相关操作的快捷菜单
状态栏	用于显示工作区当前的一些工作状态，包括当前位置（如页号、行号等），输入状态为插入或改写模式，是否启动"修订"功能等

有关这些工具的使用,将在实际操作过程中通过具体示例加以介绍。其他相关的新概念、新名词,将在具体应用过程中加以说明。

1.1.2.2 视图与用纸规格

(1) 视图类型及作用

Word 软件根据不同的行文要求提供了多种视图,如普通、页面、大纲、Web 页和阅读版式等。不同的视图提供的界面和功能见表 1—3。

表 1—3　　　　Word 软件 5 种视图的功能

视图名称	功　　能
普通视图	可以显示页面中各类编辑符号(如分页符与分节符等),但不能显示纸张的实际页边距、页眉、页脚信息,适用于页面排版的精细控制(包括编辑、排版等)
页面视图	窗口显示的内容与实际打印输出的版式相符(即"所见即所得"),特别适合普通行文活动
Web 版式视图	可以按网页方式显示内容,此视图便于处理有着色背景、声音、视频剪辑和其他与 Web 页内容相关的编辑和修饰处理(包括文字和图形),适用于处理网页类文档
大纲视图	可以按文档各级标题形式直观显示文稿的纲目结构,并提供与结构性编辑相关的一组工具(如升降级、位移、展开及收缩文档结构等),适用于长文档的组织、对结构化编辑需求较高的操作等
阅读版式视图	可以在一个屏幕中按左右两页方式显示文稿内容,以满足传统的阅读习惯(此视图只在 Word 2003 版软件中提供)

启动 Word 后,默认状态显示为"页面视图",为行文过程提供了页面环境(包括版边标线等)。

(2) 在 Word 窗口中切换视图

一般情况下,与屏幕显示状态相关的控制命令,都显示在"视图"菜单中(见图 1—4)。

图1—4 通过菜单选择视图命令

为方便上述各种视图的快速切换，Word软件在窗口底部水平滚动条左侧设置了"视图切换栏"，其中提供了5个视图选择按钮（见图1—5）。

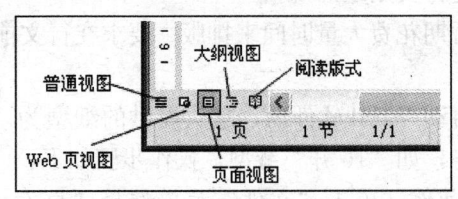

图1—5 用于切换 Word 视图的工具

示例：以前面创建的新文档"文档1 - Microsoft Word"为例，切换为"大纲视图"，然后再切换至"页面视图"。具体操作如下：

1) 继续前例，单击窗口左下角的"大纲视图"按钮，可将屏幕切换为"大纲视图"。同时，在屏幕上部增加了"大纲"工具栏（见图1—6）。

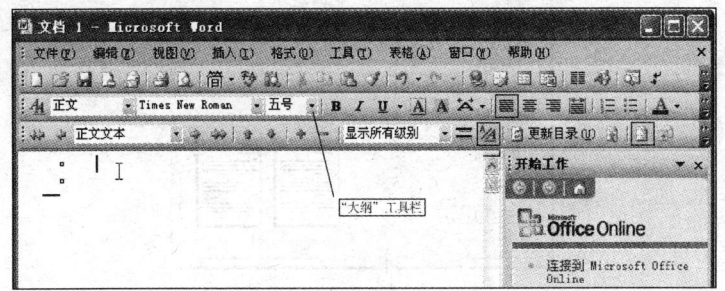

图1—6 切换至"大纲视图"后，将自动提供相应的工具栏

2)"大纲视图"用于文稿结构编辑,不属于所见即所得的页面状态。有关"大纲"工具栏的应用,将在后面文稿编辑内容中介绍。

3)单击"视图"菜单,并选择"页面"命令,可将当前文档窗口恢复为与打印稿相符的"页面视图"。

注意:若从未使用过"大纲"命令,"视图"菜单中将不显示该命令项。此时可通过展开"视图"菜单的方式(单击菜单列表下方的按钮⊗)查找并选择该命令。

(3)确定行文用纸的规格

为避免后期花费大量时间来排版,要求在行文前正确选择用纸规格。

示例:启动 Word 软件后,默认提供的纸型为"A4"规格,更改纸型规格,如"16 开"纸型,操作步骤如下:

1)继续前例。单击"文件"菜单选择"页面设置"命令,显示"页面设置"对话框(见图 1—7)。

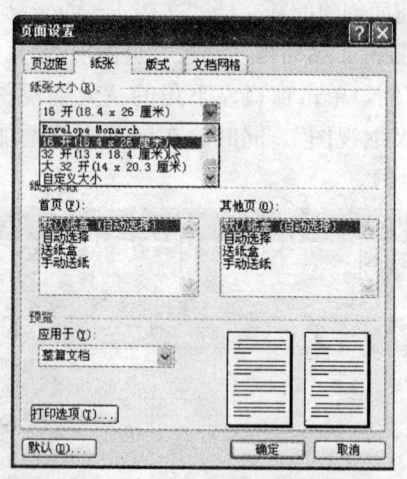

图 1—7 选择合适的用纸规格

2)单击"页面设置"对话框中的"纸张"标签,切换到"纸张"选项卡。

3)单击"纸张大小"区右侧选择按钮,从列表中选择合适的纸型,如"16开"。单击"确定"按钮,即可调整行文的用纸规格。

1.1.2.3 文字输入前的准备

一旦进入 Word 行文环境(不论新文档还是旧文档),就意味着要在其中输入文字。本节仍以前面创建的新文档"文档 1-Microsoft Word"为例,做好行文前的准备。

(1)"I"形光标的形态和作用

鼠标光标在行文页面中常常显示两种形态,即"I"和"I"。"I"形光标称为插入点光标,属于页面光标,用于指示页面内具体的行文输入位置,并且呈闪烁状态。"I"形光标称为选择光标,属于鼠标光标,用于在页面上移动并选择输入的位置,"选择光标"会随鼠标在屏幕上的横向移动(不同位置)显示不同的形态(见图1—8)。

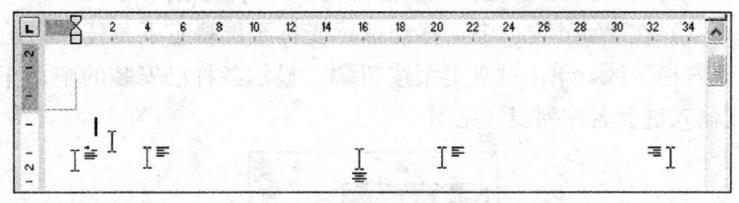

图1—8 横向移动时选择光标的不同形态

下面通过列表方式说明不同形态"I"形光标的作用(见表1—4)。

(2)键盘及输入法的切换

Word 软件可以针对不同的语种输入不同类型的内容。默认安装的中文版可以输入英文字母和汉字。然而,在输入汉字时存在不同的方法,包括拼音、表形、手写、语音等。本节介绍键盘

表 1—4　　　　　各种 "I" 形光标的作用

光标形态	作　用	操 作 方 法
I	选择待输入文字的位置	单击确定字符输入位置，显示 "∣" 形光标
I͞	针对当前位置居左	双击确定居左的输入位置，显示 "∣" 形光标
͞I	针对当前位置居右	双击确定居右的输入位置，显示 "∣" 形光标
Ī	针对当前位置两端居中	双击确定居中的输入位置，显示 "∣" 形光标
I͟	首行缩进（默认为2个汉字）	双击确定首行缩进的输入位置，显示 "∣" 形光标

以及不同汉字输入法的切换方法。至于如何提高输入速度，将在后面专题介绍 "微软拼音输入法" 中说明。

• 切换中、外文输入键盘

示例：在中、外文输入状态间切换。具体操作步骤如下：

1) 在 Word 窗口中，移动鼠标光标至屏幕右下角任务栏的 "语言栏" 区，单击键盘类型按钮 EN，显示各种已安装的中、外文输入键盘名称列表（见图 1—9）。

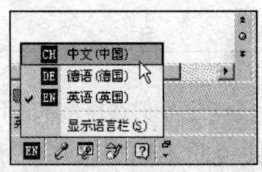

图 1—9　选择中、外文输入状态

2) 单击 "中文（中国）" 项，即可切换至中文输入状态。此后，键盘类型按钮变为 CH，表示为中文输入状态。

3) 与之相对应的快捷键为 Ctrl＋空格键（中外文输入状态

的切换)。

• 切换不同类型的汉字输入法

进入汉字输入状态后,如果当前显示的输入法不适合使用,则应再次切换并选择不同类型的汉字输入法,如微软拼音、智能ABC、王码五笔型等(见图 1—10)。具体操作步骤如下:

1) 在 Word 窗口中,移动鼠标至屏幕右下角任务栏区,单击键盘 按钮,显示各种输入法名称列表(见图 1—10)。

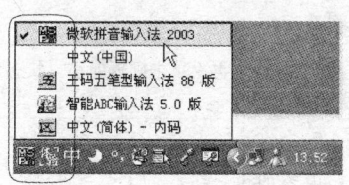

图 1—10　选择汉字输入方法

2) 单击"微软拼音输入法"项,即可切换至微软拼音输入状态。同时,屏幕右下角显示微软拼音法工具栏(包括一组相应的控制按钮),如拼音输入、语音输入和手写输入等(见图 1—11)。

图 1—11　微软拼音法工具栏

提示:在已经安装的各汉字输入法之间进行顺序切换,还可以使用组合键 Ctrl+Shift 完成。

(3) 与输入相关的键位使用

输入过程中,为避免经常在键盘和鼠标之间切换,应当掌握以下几个常用键的使用(见表 1—5)。

键盘上其他特殊键的应用,将在课程的具体内容中按需介绍。

(4) 文字输入的插入与改写状态控制

在屏幕中输入文字时通常存在 2 种输入状态,即"插入"和"改写"。

表 1—5　　　　　　　　输入过程常用的键

键名	作用	操作及注意事项
空格键	在字符间增加空位	按空格键即可。但输入过程应避免随意使用空格键，以免造成版面混乱
回车键 (Enter)	添加新自然段落	按 Enter 键，插入点"｜"形光标显示于下一个自然段首位，等待输入。在同一个自然段内不应使用"回车"换行
大小写键 (Caps Lock)	改变英文字母的大小写输入状态	按 Caps Lock 键，输入状态切换至大写方式，再次单击则返回小写状态，可重复
上档键 (Shift)	用于输入键含上档内容的字符	按住 Shift 键，按含有上档字符的键位，可在屏幕中输入键位上方的字符
退格键 (Backspace)	用于删除"｜"形光标左侧的一个字符	确认"｜"形光标的位置后，按该键，可删除"｜"形光标左侧一个字符；重复按键可连续向左删除字符
删除键 (Delete)	用于删除"｜"形光标右侧的一个字符	确认"｜"形光标的位置后，按该键，可删除"｜"形光标右侧的一个字符；重复按键可连续向右删除字符

　　在"插入"状态下，新输入的字符将推动"｜"形光标（及其右侧字符）向右移动。此状态允许在"｜"位置添加新的字符内容，并被设置为默认输入状态。

　　而"改写"状态下，则在输入字符时，覆盖"｜"形光标右侧的现有字符，即改写了"｜"形光标右侧的内容。

　　示例：将默认的"插入"输入状态，改变为"改写"状态。

　　1) 继续前例。移动鼠标光标至窗口底部状态栏右侧"插入/改写"按钮位置，显示左箭头光标。默认状态下，该按钮显示

"改写"文字，且为灰色（见图1—12）。

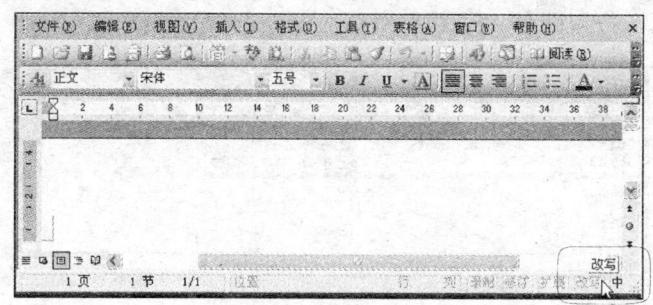

图1—12 状态栏未激活的"改写"按钮

2）双击"改写"按钮，该按钮名称显示为黑色，表示激活改写状态（见图1—13）。此后，在"|"形光标位置输入新字符时，将覆盖其右侧字符。

图1—13 状态栏被激活的"改写"按钮

3）再次双击"改写"按钮，该按钮名称显示为灰色，即恢复"插入"状态。

1.1.3 关闭Word窗口退出行文环境

关闭Word窗口，将意味着离开行文环境。

1.1.3.1 关闭当前Word文档窗口

示例：假如完成某个文档的修改、保存工作，而且暂时不会再用，原则上应关闭该文档窗口。操作如下：

1）打开一个新文档（如"文档1"）的窗口。

2）完成相关操作后，单击该窗口"菜单"栏右侧的"关闭窗口"按钮即可（见图1—14）。

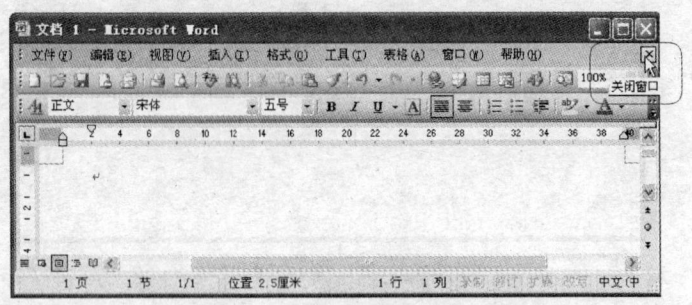

图1—14　关闭当前文档窗口

注意：如果Word软件只打开了1个文档，完成上述关闭文档窗口的操作后，屏幕上还将显示Word软件窗口，只是工作区没有用于行文的页面。如果Word软件中打开了多个文档窗口，完成上述关闭文档窗口的操作后，Word软件窗口中将显示其他文档内容。

1.1.3.2　用退出程序的方式关闭所有Word文档窗口

在任何Windows操作环境中，一个窗口只能打开一个文档。而日常行文过程常常需要打开多个文档。一旦完成所有行文工作，则应关闭所有Word文档窗口，以释放系统资源供其他程序使用。为避免逐个关闭Word文档窗口这一麻烦的操作，可通过关闭程序窗口的方法将所有Word文档窗口一次关闭。

示例：假设当前工作状态已经打开了3个Word文档。通过关闭Word程序的方法，一次性关闭上述3个Word文档窗口，具体操作步骤如下：

提示：程序窗口的关闭操作，可以在已经打开的任意一个Word文档窗口中进行。

1）切换到任意一个已经打开的Word文档窗口中（其窗口"标题栏"显示反白）。

2）单击该窗口"标题栏"右侧的"关闭"按钮即可（见图1—15）。

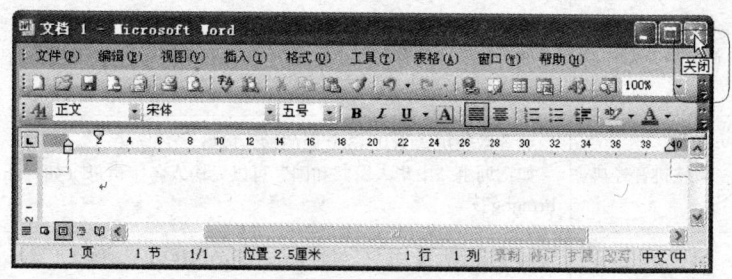

图1—15 用退出程序的方法关闭程序及已经打开的全部文档窗口

1.1.4 熟练掌握一种汉字输入方法

熟练掌握一种汉字输入方法，是能否排除人机交流重大障碍的关键。

在计算机中进行汉字输入的工具（程序）和方法（如拼音、表形、手写、语音等）均很多。本教材以Office安装后默认提供的"微软拼音输入法"为例，介绍一组相应的输入方法（如整句拼音输入、手写输入、符号输入等），以方便使用过程进行选择。

本节以示例说明汉字的输入过程，其特点是：会拼音就会输入，而且可以很快达到一定的输入速度。

1.1.4.1 微软拼音输入法的特点

"微软拼音输入法2003"最大的特点是采用了基于语句的连续转换方式，可以不间断地键入整句话拼音，无需考虑分词和候选，保证了思维流畅，又提高了输入效率。

提示：如果默认提供微软拼音输入法为其他版本（如2.0版和3.0版），基本应用方法与本节内容相同。

微软拼音输入法2003版包括多种输入方法，如：微软拼音新体验、微软拼音经典、传统手工转换、内码输入、手写输入、字典查询输入、特殊字符输入、语音输入等（见表1—6）。

表 1—6　　微软拼音输入法的使用说明

输入方法	说　　明	
微软拼音新体验	用于整句输入，符合自然输入风格 如：句子"我有一只小花猫"，可以在全拼输入过程中自动智能化搭配	
微软拼音经典	兼容微软拼音 1.0～3.0 版的输入风格 如：词组"中华人民共和国"可以只输入各字声母（如"zh-hrmghg"）	
传统手工转换	用于词模式输入，保持部分应用者的传统输入习惯 如：常用词"我们""因为""劳动者"等，只输入每个字的第 1 个声母即可	
内码输入	针对特殊汉字，尤其适合用拼音不能拼出来的汉字输入	
	UNICODE 码输入	提供 2 万多汉字（包括疑难怪字、专用字等）
	GBK 码输入	提供 GB18030 编码支持的 2 万多个汉字和符号
	如："齉"字可用 Unicode 码（9F98）或者 GBK 码（FD93）输入	
手写输入	适合不会用拼音输入的汉字 如："墨"（zhao）字，既不能用拼音法输入，也不能用表形法输入	
字典查询输入	适合通过偏旁部首查询将选择的汉字输入 如："微"字，如果笔画复杂又不会拼音。可以使用字典查询输入	
特殊字符输入	用于输入特殊字符，如特殊标点、数学符号等	
语音输入	用于边说边录入状态	

1.1.4.2　使用微软拼音输入法

本节针对"微软拼音输入法 2003"，介绍几种常用的使用方法。

（1）用"微软拼音新体验"法按整句智能化快速输入

此方法适合熟悉汉语拼音者，可以在整句连续拼音输入过程中，自动智能化搭配内容，形成整句快速输入状态。

示例：输入一句文字，如"我是一只可爱的小花猫，我喜欢爬树，也喜欢上房。"。

1）在前面创建新文档"文档 1 - Microsoft Word"窗口中，用切换汉字输入方法调出"微软拼音输入法 2003"，显示相应工具栏。

2）输入"我是一只可爱的小花猫"的全拼字母"woshiyizhikeaidexiaohuamao"，输入过程相应自动显示内容的搭配情况（见图 1—16）。如果正确，单击即可完成内容输入。

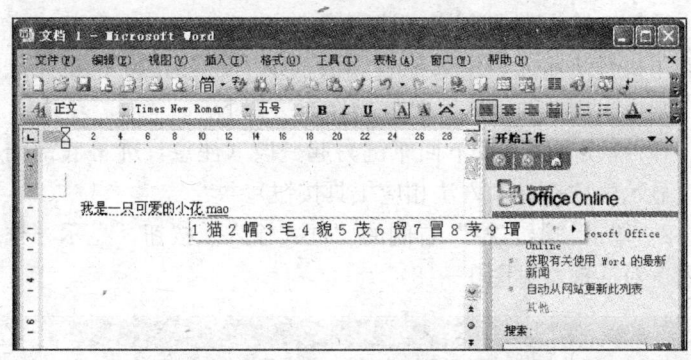

图 1—16 用"微软拼音输入法 2003"进行整句输入并显示自动搭配

3）继续输入其余内容，输入过程中试着添加标点符号。例如"我喜欢爬树，也喜欢上房。"可输入为"woxihuanpashu，yexihuanshangfang"（见图 1—17）。

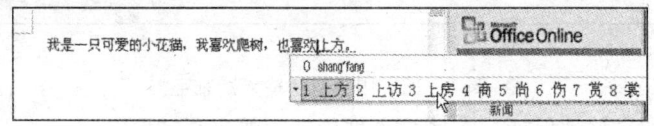

图 1—17 输入过程可以添加标点符号或选择搭配内容

4）此时可以看出，输入"上房"的拼音"shangfang"时，候选窗口内提供了 3 个选项，且正确搭配不是默认值。所以应单击数字键"3"，将候选窗口中正确内容选入。

5) 最后，按下 Enter 键即可完成此句的输入。

提示：如果输入长句过程中希望避免过多的重码选项（影响输入速度），可以在输入过程中随时观察候选窗口的搭配，一旦显示正确内容（蓝色文字），随手按下空格键，即可随时将正确搭配句子内容确认到屏幕输入位置。

(2) 手写输入

手写输入方法适合既不熟悉汉语拼音、又不熟悉表形输入的用户，尤其适用于输入一些疑难字。

示例：输入"罾"字。该字音"zhao"，如果不知其读音就不能用拼音法输入，用其他表形法（如"五笔字型"）也无法输入，则可采用手写输入，具体操作方法如下：

1) 继续上例。按下回车键另起一段（注意，屏幕底部语言栏应显示微软拼音输入法相应工具按钮）。

2) 单击"语言栏"右侧的"框式输入"按钮，显示"框式输入"对话框（见图 1—18）。

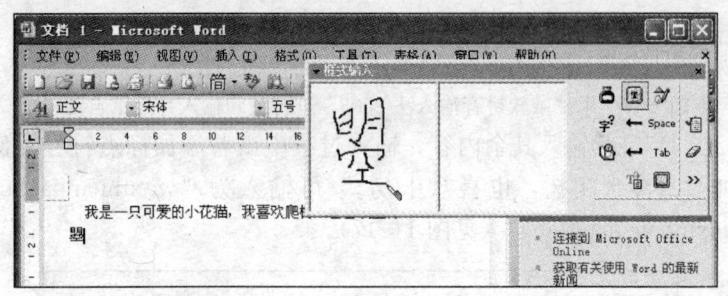

图 1—18 用手写法输入疑难字

3) 移动鼠标至左侧输入框内，直接书写"罾"字。

完成输入且笔画正确后，文字将自动以字符形式输入于插入点光标位置。

提示：手写输入法特别适合输入字库中存在，但不能用拼音法或表形法输入的汉字。

(3) 输入符号

行文过程中常常需要输入一些特殊符号，本节介绍软键盘（即屏幕键盘）法，操作如下：

1) 单击"语言栏"上的"开启/关闭软键盘"按钮打开软键盘（见图 1—19）。

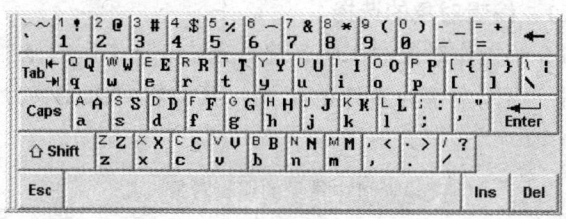

图 1—19　调出软键盘

2) 在软键盘上单击鼠标右键，就会出现软键盘选取菜单（见图 1—20）。

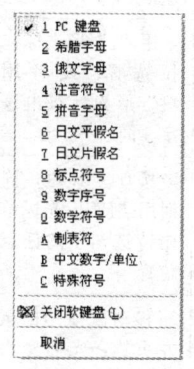

图 1—20　选择符号类型

3) 在菜单中选取相应的软键盘即可输入相应的符号。

提示：如果"开启/关闭软键盘"按钮没有显示在语言栏上，可单击语言栏上右下角的"选项"按钮，显示菜单列表后单击"软键盘"命令，"软键盘"按钮即显示在语言栏上。

1.2 文字内容的编辑

编辑操作包括移动、复制、删除、查找、替换等。

1.2.1 编辑对象的选择

本节介绍操作对象的作用、选择方法及选中后的显示状态。

针对一篇以文字为主体的文稿,其编辑对象主要分为 6 类(见表 1—7)。

表 1—7　　　　Word 中常见的编辑对象

对象名	选中状态	选择方法	作用
插入点	插入点位置显示闪动的"｜"形光标	用"I"形光标定位在需要写入文字的位置,单击鼠标左键	确定文字在屏幕中具体的输入位置
字词	被选中的字、词显示反白状态,例如"黑底白字"	用"I"形光标拖拉选择;或者用"I"形光标双击该字、词	可以对字、词对象进行编辑和修饰
句子	被选中的句子显示反白状态	按住 Ctrl 键,同时用"I"形光标单击待选句子的任意位置	可以对完整的句子进行编辑和修饰
整行	整行文字显示反白状态	移动鼠标光标至左页边,光标变为"⊲"形;箭头指向待选择行的行首位置后单击鼠标左键	可以对整行文字进行编辑和修饰
段落	整段文字显示反白状态	移动鼠标光标至段落文字中,显示"I"形光标后,3 次单击鼠标左键	可以对全段文字进行编辑和修饰

续表

对象名	选中状态	选择方法	作用
全文	整篇文稿内容全部显示反白状态	移动鼠标光标至左页边，光标变为"⟋"形；按住 Ctrl 键，同时单击鼠标左键	只用于对全文内容进行编辑

正确掌握上述编辑对象的选择，将直接关系到操作的准确性。在选择操作对象时，务必注意鼠标光标的变化、选中对象的显示状态等。

1.2.2 实现快速编辑的方法

选择编辑对象的目的在于操作。编辑操作的内容有插入、移动、删除、查找及替换等。为方便编辑操作，Word 提供了多种操作方法。本节通过示例分别介绍几种常用的简捷方法。

1.2.2.1 用"拖拉"方法进行编辑操作

通常用"拖拉"方法可以移动或复制文稿中的操作对象（包括字词句段等）。

示例：在新建文档的基础上输入一段文字（用上述输入方法输入一段文字）。然后，在第 3 行第 2 个字符右侧插入文字内容（如"课文中"），再将其中的单词"课文"移动到本行"概括"一词右侧。具体操作步骤如下：

1) 输入一段文字。

2) 移动"I"形光标至待插入新字的位置，单击鼠标显示"|"形光标。

3) 切换汉字输入法后，输入文字"课文"。

4) 用鼠标左键拖拉选中待复制单词"课文"显示反白状态。

5) 松开鼠标左键后，鼠标光标显示为 ▷ 形态，表示可以移动该对象。

6) 在被选中的单词"课文"位置，按住鼠标左键并向目标位置拖拉,鼠标光标变形为 (见图1—21)。

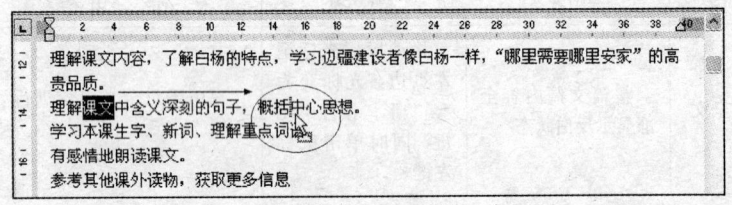

图1—21 在屏幕上移动一个单词

7)当"I"形光标(显示为虚线形式)显示在指定目标位置时,如果松开鼠标左键,则为移动操作。

8)如果希望执行复制操作,还应在拖拉移动的过程中,加按 Ctrl 键,显示带加号的移动光标后(表示复制操作),松开鼠标左键即可完成拖拉复制过程。

注意:移动对象后,原位置将丢失该对象。另外,如果同时打开多个文档,而且通过"窗口"菜单将其平铺在屏幕上后,拖拉移动的操作可以跨越窗口,将对象移至另一文件中。

1.2.2.2 剪切、复制和粘贴的操作方法

在小范围内移动文字,拖拉是很好的方法;但是在各个文档之间移动或复制操作对象(包括文字、表格或图形等)时,用剪切、复制和粘贴的方法,是一种更好的处理方法。

此方法有4个操作步骤,即选择对象、选择操作工具("剪切"或"复制")、确定目标位置(插入点)、粘贴对象。本节通过鼠标右键调用快捷菜单及组合快捷键的综合应用方法完成上述4个操作步骤。

示例:仍以前面单词"课文"的复制过程为例,比较不同方法的使用状态。具体操作步骤如下:

1)继续前例,单击"常用"工具栏上的"撤消"按钮,撤消前例进行的移动操作。

注意:在 Word 软件中,撤消或恢复操作可以处理多个步

骤。"撤消"命令用于返回已经完成的若干操作,倒退查看并修改错误操作;"恢复"按钮用于处理撤消的反操作。这两个按钮的右侧,均可见选择按钮▼,该按钮可显示撤消或恢复步骤的列表,用于准确选择操作位置。

2) 选择待复制对象,如单词"课文"(显示反白)。

3) 单击"常用"工具栏上的"复制"按钮,将其存入"剪贴板"程序中。

4) 在目标位置(如本行"概括"一词右侧)单击鼠标左键,显示"I"形光标(见图1—22)。

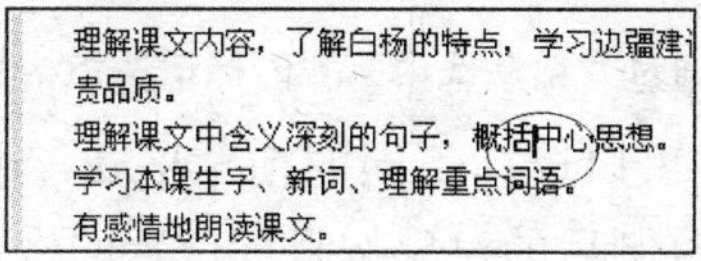

> 理解课文内容,了解白杨的特点,学习边疆建
> 贵品质。
> 理解课文中含义深刻的句子,概括中心思想。
> 学习本课生字、新词、理解重点词语。
> 有感情地朗读课文。

图1—22 用混合方法处理常规编辑操作

5) 按组合键Ctrl+V(相当于"粘贴"命令),即可完成复制内容的粘贴操作(见图1—23)。

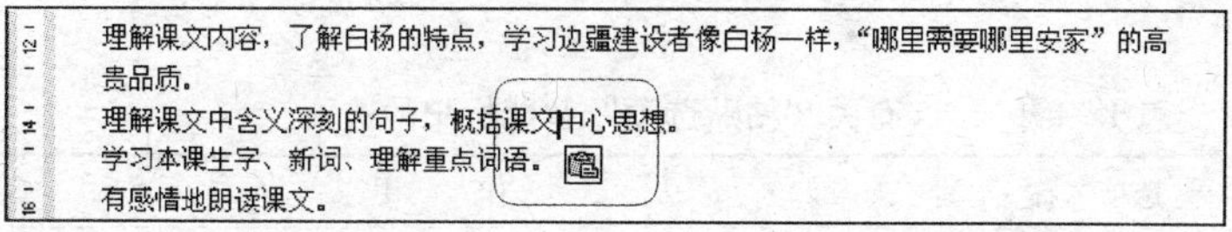

> 理解课文内容,了解白杨的特点,学习边疆建设者像白杨一样,"哪里需要哪里安家"的高贵品质。
> 理解课文中含义深刻的句子,概括课文中心思想。
> 学习本课生字、新词、理解重点词语。
> 有感情地朗读课文。

图1—23 显示"粘贴选项"智能标记

提示:完成粘贴操作后,在粘贴对象的右侧显示一个小图标,称为"粘贴选项"智能标记。它用于选择处理粘贴后的效果。

1.2.2.3 "粘贴选项"智能标记的使用

通常情况下,在完成粘贴操作后,会在目标位置显示"粘贴选项"智能标记,该智能标记可帮助初学者选择不同的粘贴效果。

示例:继续上例,通过"粘贴选项"智能标记选择粘贴的内容保留原格式。具体操作步骤如下：

1）继续上例，单击"粘贴选项"智能标记右侧的选择按钮，显示粘贴选项列表（见图1—24）。

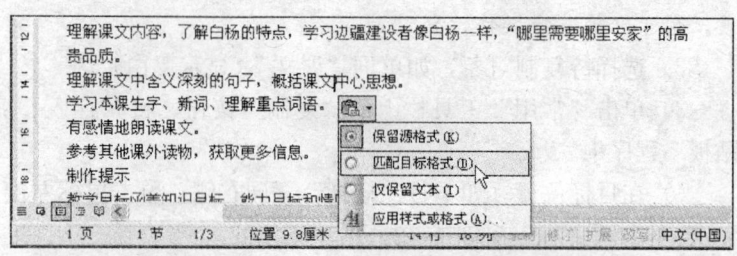

图1—24 通过"粘贴选项"智能标记选择粘贴内容的格式

2）从列表中可以选择不同的粘贴格式，本例选择"匹配目标格式"项，则复制后的对象按目标位置的格式修饰新对象。

提示：此功能特别适合在不同文档窗口之间处理移动或复制操作，并快速选择目标对象的处理格式。

使用"粘贴选项"智能标记还可以处理其他粘贴选择（见表1—8）。

表1—8   有关"粘贴选项"智能标记的选项

选项名称	作　用
保留源格式	按原文的格式显示于目标位置（或者文档）中
匹配目标格式	按目标位置（或者文档）的当前格式显示复制结果的格式
保存原文本	以文本格式显示复制结果的格式
应用样式或格式	可重新应用格式、创建样式，以及选定具有相同格式的所有文字来修饰复制的内容

1.2.2.4 用键盘处理删除操作

针对在页面中输入错误的内容，可以通过删除操作处理。

示例：继续前例，将素材文件中的提示性文字删除（包括6行带背景的文字和3行文字），具体操作如下：

1) 拖拉选择待删除的段落，将鼠标光标移至第 1 行文字左侧页边位置，显示右箭头光标⇗。按住鼠标左键，并向下拖拉至第 9 行，被选中段落显示反白状态（见图 1—25）。

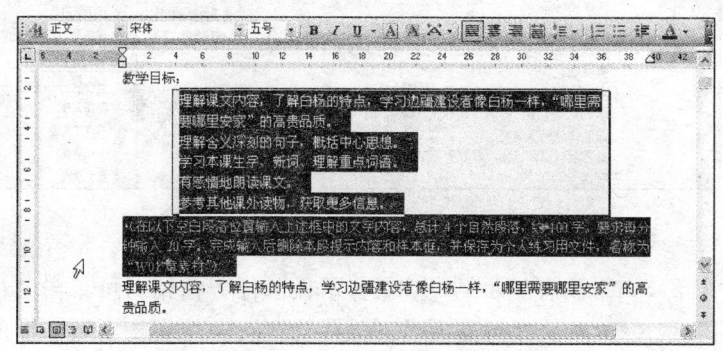

图 1—25　选择待删除段落

2) 按键盘上的 Delete 键（或单击"常用"工具栏上的"剪切"按钮）即可。

1.2.3　运用"Office 剪贴板"任务窗格

"剪贴板"是编辑活动中存放剪切或复制对象的中转工具，用于处理移动和复制操作。

由于系统"剪贴板"只能保存一个对象，使用不太方便。所以，从 Word 2002 开始就增加了"Office 剪贴板"功能，它可同时保存 24 个不同的操作对象（包括文字、表格和图表等）。这就大大方便了多对象的剪贴操作。

1.2.3.1　显示"Office 剪贴板"任务窗格

示例：在前例基础上，对其中的两组文字（或对象）进行连续的剪切和复制操作后，将显示"Office 剪贴板"任务窗格，其中显示已经存在的多个剪贴对象。具体操作步骤如下：

1) 继续前例（在完成上节剪切操作后），再拖拉选择一个单词（如"概括"），显示反白。单击"常用"工具栏上的"复制"按钮，窗口右侧将显示"Office 剪贴板"任务窗格，其中包括两个对象(见图1—26)。

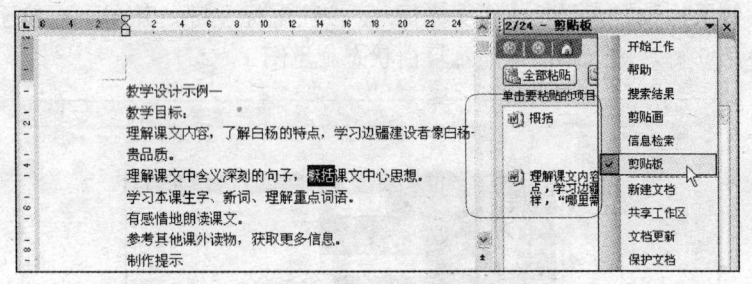

图1—26 显示"Office剪贴板"任务窗格

2)如果没有显示"Office剪贴板"任务窗格,可单击"视图"菜单选择"任务窗格"命令,或单击"编辑"菜单中的"Office剪贴板"命令,或按组合键 Ctrl+C 两次,均可打开。

3)如果默认状态显示为"新建文档"任务窗格,可单击任务窗格标题栏右侧的选择按钮▼,显示其他任务窗格的名称列表。单击"剪贴板"项即可显示"Office剪贴板"任务窗格。

1.2.3.2 使用"Office剪贴板"任务窗格

通过"Office剪贴板"可以直接控制剪贴对象的粘贴处理。

示例:将前节用"剪切"方法删除的练习内容(被删除的内容默认存放在剪贴板中),粘贴到一个新的空白文档中。具体操作步骤如下:

1)继续前例。单击"常用"工具栏左侧的"新建"命令,显示新文档窗口。

2)单击"编辑"菜单中"Office剪贴板"命令,或者按组合键 Ctrl+C 两次,即可打开"Office剪贴板"任务窗格,被剪切对象显示在其中。

3)直接单击待粘贴对象,即可将该对象粘贴到新文档的插入点位置。

4)还可以单击待粘贴对象右侧选择按钮,显示命令列表

(见图1—27),从中选择"粘贴"命令,来完成粘贴操作。

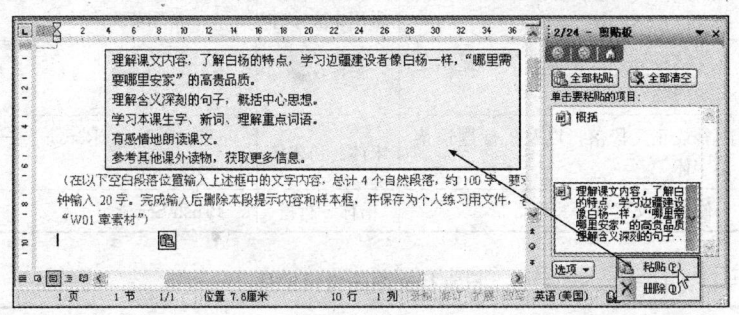

图1—27 通过"Office剪贴板"任务窗格选择粘贴对象

提示:如果单击任务窗格内的"全部粘贴"或"全部清空"按钮,可粘贴或清空剪贴板中的所有对象;单击"选项"按钮,可进行有关设置。

1.3 文稿内容的修饰

文稿的修饰主要针对2个对象,即字符和段落。所以,本节介绍字符和段落的修饰方法。

1.3.1 修饰文稿中的字符对象

所谓"字符",包括文字、字母、数字及符号等。字符的修饰,包括字体、字号、间距等。当需要时,还可对字符进行间距、划线、上下标等修饰。

1.3.1.1 更改字体和字号

不同类型的文稿,字体与字号的修饰常常由修饰对象的性质和要求决定。例如:文稿的标题文字使用"黑体",正文内容使用"宋体"等。下面通过表1—9和表1—10说明普通公文用字的规范。

表1—9　　　　　日常行文中的常用字体

用途	常用中文字体	常用英文字体
文稿标题，以及需要突出显示的文字内容	黑体	Arial 或加粗
常规正文段落，以及子标题段落用字体	宋体、仿宋体	Times New Roman 或 Courier New
修饰型文字（手写体等）	楷体、行楷	Brush Script

表1—10　　　　　日常行文中的常用字号

用途	中文字号	英文字大小	中/英字体
文稿标题	一级标题：二号（文件或书籍） 二级标题：四号（文件或书籍）	14磅 12磅	黑体/Arial 黑体/Arial+I
常规正文	·四号（文件） 五号（书刊）	12磅 10磅	宋体/新罗马 宋体/新罗马

对字体和字号的修饰操作，可使用多种工具（如菜单、工具栏、鼠标右键等），本节以"格式"工具栏为例，说明字体的修饰方法。

示例：对前面制作的文稿标题文字加以修饰，要求为"黑体""二号"。具体操作步骤如下：

1）继续上例（在已经输入的文稿中操作）。移动鼠标光标至第一自然段落左侧（页边）位置，显示右箭头光标后，单击选择该段落（显示反白）。

2）单击"格式"工具栏"字体"右侧的选择按钮▼，显示字体名称下拉列表（见图1—28）。

3）如果找不到所需要的字体，可通过垂直滚动条向下查询。找到后，单击相应的字体名称，如"黑体"，即将被选中对象修饰为"黑体"格式。

4）单击"格式"工具栏"字号"按钮右侧的选择按钮▼，显示下拉列表（见图1—29）。

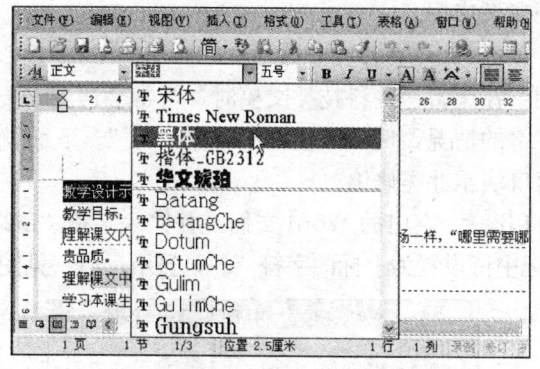

图 1—28 为文稿标题行修饰字体

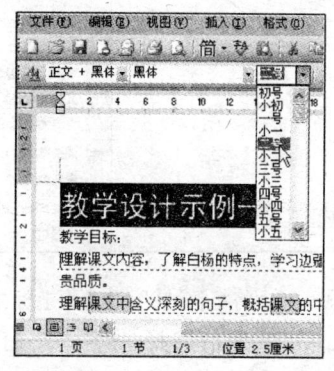

图 1—29 选择字号

5) 单击"二号",该段落按二号字大小显示修饰效果。

提示: 在选中文字的条件下,通过组合键 Ctrl+],每次可以使字号增加 1 磅,按组合键 Ctrl+[,则减少 1 磅。

由于上述字符修饰功能的使用频率较高,所以放在"格式"工具栏上,主要包括字体、字号、字体颜色、变形(加粗、斜体、下划线、加框等)。

对字符的修饰还可通过"字体"对话框处理,包括各种上下划线、上下标、字间距、动画效果等。由于使用方法相似,下面介绍几个典型应用。

1.3.1.2 上标字符的修饰

示例：在编辑一些科技类文稿时，常常会遇到需要添加上标或下标字符的情况，例如单位：平方米"m^2"。下面就通过一个新文档窗口演示此类修饰。

1) 打开一个空白的 Word 文档，并输入字符"m2"。

2) 选中待设置为上标的字符"2"，显示反白（见图1—30）。

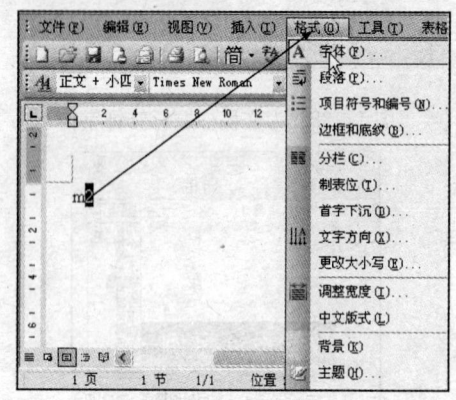

图1—30　将字符"2"设置为上标格式

3) 单击"格式"菜单，选择"字体"命令，显示"字体"对话框，默认显示"字体"选项卡（见图1—31）。

4) 在"字体"对话框中单击"效果"区的"上标"复选框，显示确认标记"√"。

5) 单击"确定"按钮即可显示上标效果"m^2"。

提示：在 Word 软件中处理上下标时，只能在同一字符右侧设置一个上标或下标，不能同时设置上下标。

1.3.1.3 调整字间距

一般文稿编辑过程中没有必要调整字符的间距（系统会按字号大小自动设置最佳间距）。但是，针对特殊的编排要求则可能需要修饰间距。例如，信封左上角的邮政编码数字；一些文稿的

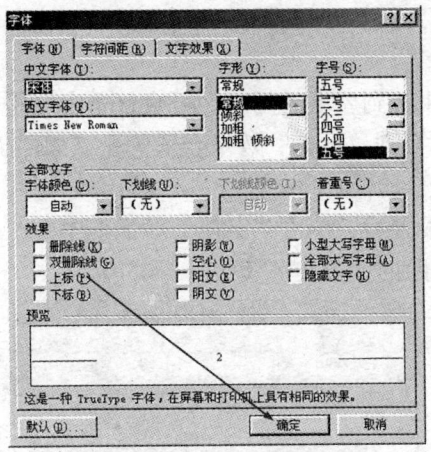

图1—31 在"字体"对话框中选择字符修饰项

大标题等。此类操作应当进入"字体"对话框处理。

示例:改变上述文稿标题文字的间距,以适合排版要求。

1)继续前例,在选中标题文字(显示反白)的前提下,单击"格式"菜单选择"字体"命令,显示相应对话框。

2)单击"字符间距"标签,切换到"字符间距"选项卡(见图1—32)。

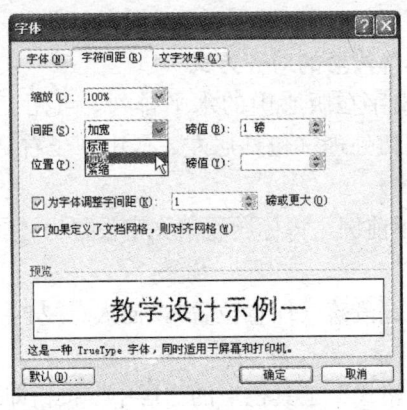

图1—32 改变标题段落中的字间距

3）通过"间距"区选择按钮，选择"加宽"项，观察"预览"框中的效果。

4）如果未达到要求的间距，可直接单击"磅值"框右侧增量选择按钮，直到"预览"效果合适为止（如"磅值"为"6"，或者直接输入经验值）。

5）完成设置后，单击"字体"对话框中的"确定"按钮即可显示增加间距的标题文字（见图1—33）。

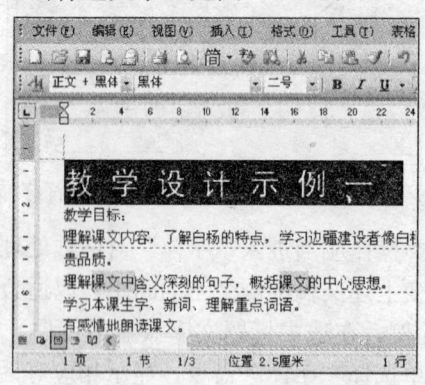

图1—33 增加了字的间距

提示：在对话框中的设置，一般应审查预览效果合适后，才可单击"确定"按钮。否则可能需要重新操作。

1.3.2 修饰段落的对齐方式

调整段落文字在版心中的水平排列，可用工具栏上的一组"对齐方式"按钮处理（包括居左、居中、居右、两端对齐和分散对齐5种形式）。

示例：继续前例，将标题段落文字设置为"居中"格式。操作步骤如下：

1）单击标题段落（任意位置），插入点"|"形光标显示其中（见图1—34）。

2）单击"格式"工具栏上的"居中"按钮即可。

其他几种对齐修饰，均可通过"格式"工具栏上的相应按钮

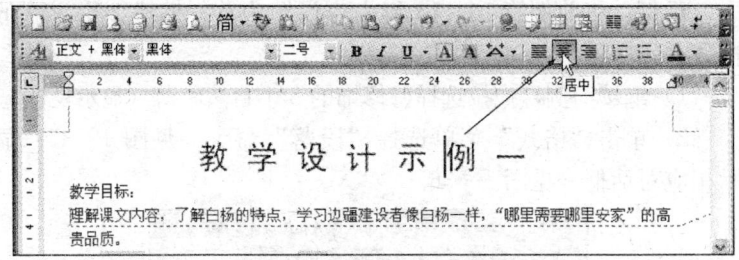

图 1—34 设置标题段落为居中排列格式

直接选择,也可通过"格式"菜单选择"段落"命令后,在"段落"对话框中设置。

1.3.3 修饰正文段落的缩进格式

在中文行文的过程中,为明确区别正文段落的行文性质,通常可以借助"缩进"功能加以修饰。常用的缩进类型有3种(见表1—11)。

表 1—11　　　　正文段落的缩进类型和用途

缩进类型	用途和特点	示例
首行缩进	普通正文段落 当前段落只首行向内缩进 (如2个汉字)	普通正文段落,要求首行向右缩进2个汉字,段落其他各行均以"两端对齐"方式充满版心
悬挂缩进	条款、法规类段落 首行以下各行内容均向内缩进 (如4个汉字)	第一条:条款法则类正文,要求段落首行居左,无缩进,段落其他各行左侧均向右缩进,以示突出、严肃
注释缩进	注释型文字段落 整个段落均缩在相邻(上下)段落内	注意:注释类正文段落,通常整段内缩于版心之中,甚至添加背景颜色,表示对前段内容的注释

1.3.3.1 在对话框中设置段落缩进

按中文行文习惯,"正文"段落首行应缩进2个汉字。如果每次均使用"空格"键处理,既费时又易错。针对此类修饰需求,最好的方法就是使用"缩进"功能。

示例：将前例第10~13行内容设置为首行缩进2个汉字的格式。

1）继续前例，拖拉选择待修饰的3个自然段落（显示反白）。

2）单击"格式"菜单选择"段落"命令（见图1—35）显示相应对话框（见图1—36）。

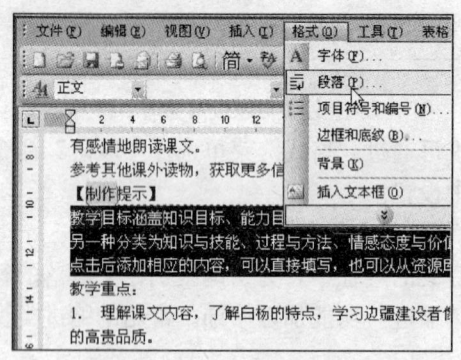

图1—35　通过菜单选择段落修饰命令

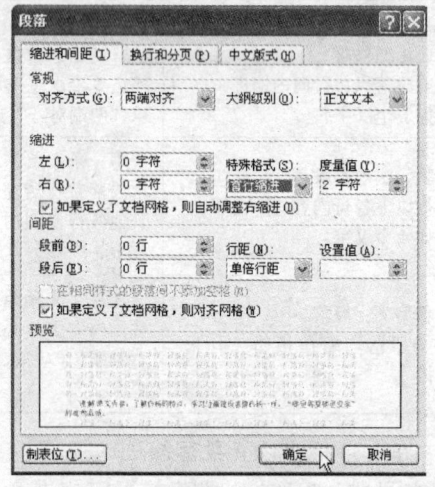

图1—36　为正文段落设置首行缩进2个汉字格式

3）在对话框中的"缩进"区，单击"特殊格式"右侧的选择按钮,显示列表,再选择"首行缩进"项。单击"段落"对话框中的"确定"按钮即可。

此后,该组段落均按首行缩进2个汉字的格式排列。而且,在完成段落内容输入时,按下 Enter 键,下一个自然段落的输入位置(即插入点"I"形光标)自动显示于首行缩进2个汉字的位置。

1.3.3.2 使用标尺设置段落缩进

设置段落缩进还可以通过屏幕标尺完成,标尺上的操作工具见图1—37。

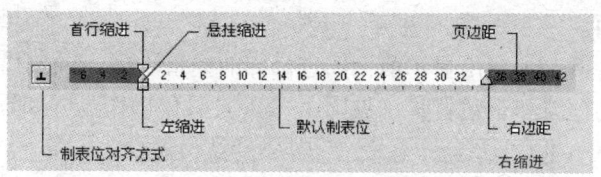

图1—37 标尺工具栏上的操作工具

示例:将前例第3～7自然段落修饰为段落左、右各缩进3个字符,具体操作步骤如下:

1)继续前例,拖拉选择待修饰的第3～7自然段落(显示反白)。

2)移动鼠标光标至上标尺的"左缩进"按钮位置,变为 ₷ 光标。按住鼠标左键并向右拖拉至标尺刻度的"3"位置(见图1—38),松开鼠标左键后,该组段落各行均向右缩进3个字符。

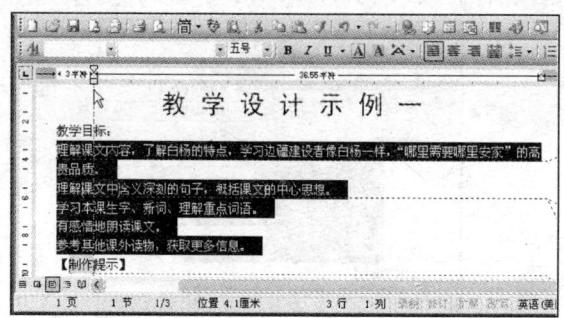

图1—38 用标尺工具设置段落缩进

3) 用同样方法,移动鼠标光标至标尺"右缩进"按钮位置,变为光标后,按住鼠标左键并向左拖拉移动 3 个字符,则该组段落各行均向左缩进 3 个字符。

提示:如果拖拉缩进字符时不能按整数值确定位置,可在拖拉过程中加按 Alt 键,可实现微调状态,以保证准确定位。

1.3.4 设置边框或底纹

行文修饰过程中,通常利用边框和底纹实现对文稿内容的突出显示或分割。此类修饰不但可以针对段落,而且可以处理字符或页面。

示例:为突出显示前例缩进修饰的一组段落,再为其添加带阴影的框线和黄色背景(见图 1—39),具体操作步骤如下:

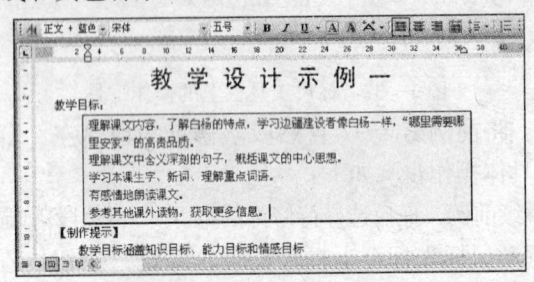

图 1—39 为段落添加边框和背景的效果

1) 继续前例,选中待修饰的段落,显示反白(见图 1—40)。

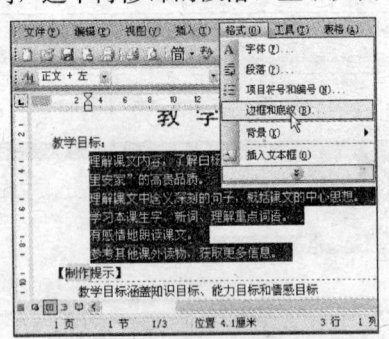

图 1—40 选择修饰对象

2) 单击"格式"菜单选择"边框和底纹"命令,显示"边框和底纹"对话框。

3) 单击对话框左侧"设置"区的"阴影"项,在"预览"区显示带阴影的段落框线效果(见图1—41)。

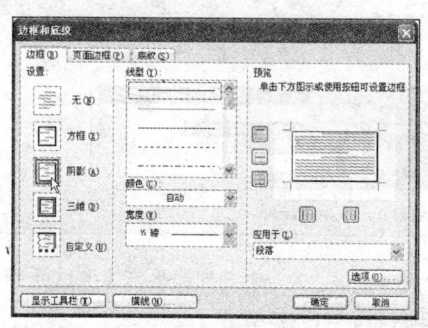

图1—41 设置带阴影的框线和底纹

4) 单击"边框和底纹"对话框中的"底纹"标签,切换到"底纹"选项卡。

5) 在"填充"区选择"黄色",并单击对话框中的"确定"按钮,返回文稿页面后,被设置段落将显示黄色背景且带阴影框效果,以示突出(见图1—39)。

提示:有关字符的加框处理常用于人名,背景的加框修饰用于较复杂的版面。处理方法与段落加框大体相似。但操作过程中应注意正确选择对象,并仔细观察"边框和底纹"对话框中的提示信息,才能保证正确操作。

1.3.5 设置段落项目符号或编号

1.3.5.1 项目符号

修饰段落的项目符号,通常用于表现一组带有并列关系的信息,其特点使段落引人注目。

(1) 为序列段落添加项目符号

示例:为前例设置的一组带框段落,添加项目符号,以表现其并列关系,具体操作步骤如下:

1) 继续上例，拖拉选择待修饰的一组段落，显示反白。

2) 单击"格式"工具栏上的"项目符号"按钮，被选中的各个段落将自动修饰为带符号"●"的格式（见图1—42）。

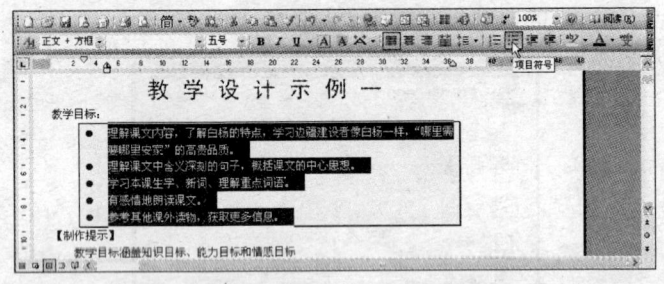

图1—42　为一组并列段落添加项目符号

（2）改变项目符号的类型

如果默认的项目符号不符合行文要求，可以选择其他类型的符号。目前可添加的项目符号包括字符型和图片型两类。

示例：将上述项目符号变为图片符号，操作步骤如下：

1) 继续上例，拖拉选择待修饰的一组段落，显示反白。

2) 单击"格式"菜单选择"项目符号和编号"命令，显示"项目符号和编号"对话框，其中显示一组预设的项目符号样式（见图1—43）。

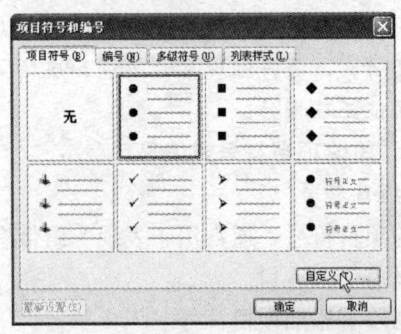

图1—43　改变项目符号的类型

· 38 ·

3）如果没有合适的，可单击"项目符号和编号"对话框中的"自定义"按钮，显示"自定义项目符号列表"对话框（见图1—44）。

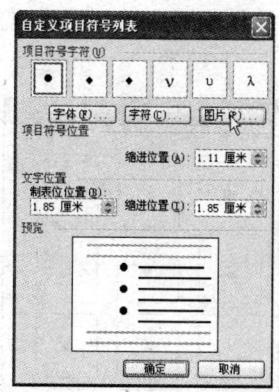

图1—44　选择项目符号

4）如果希望选择字符型符号，可单击"字符"按钮，显示"符号"对话框（见图1—45）。通过"字体"区右侧选择按钮，选择一种字体（如"Wingdings"）后，即可显示一组符号列表。

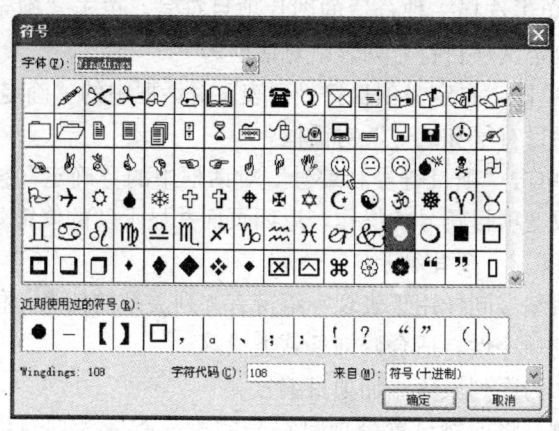

图1—45　通过"字体"选择字符型项目符号

单击某一符号位置显示框后,再单击"符号"对话框中的"确定"按钮,返回"自定义项目符号列表"对话框。

5)如果希望选择图片符号,可以在"自定义项目符号列表"对话框中单击"图片"按钮,显示"图片项目符号"对话框(见图1—46)。

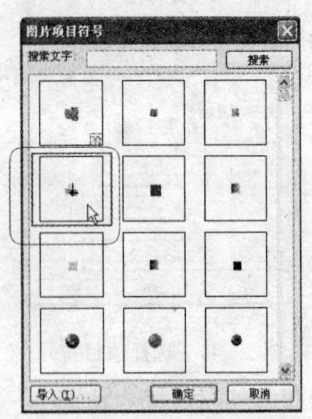

图1—46 选择图片类型的项目符号

6)单击选择一种合适的图片项目符号,单击"确定"按钮返回"自定义项目符号列表"对话框。

7)单击"自定义项目符号列表"对话框中的"确定"按钮,返回"项目符号和编号"对话框。

8)单击"项目符号和编号"对话框中的"确定"按钮,即可完成改变项目符号的操作,返回页面并显示新的修饰效果。

1.3.5.2 项目编号

项目编号同样用于表现一组带有并列关系的信息,但是其具有明确的顺序性,适合修饰条款类段落。

(1)为序列段落添加项目编号

示例:将前例设置带项目符号的段落改变为项目编号格式(见图1—47),操作步骤如下:

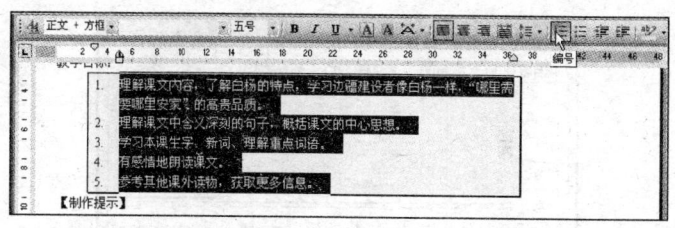

图 1—47 为一组段落设置项目编号

1）继续上例，拖拉选择待修饰的一组段落，显示反白。

2）单击"格式"工具栏上的项目"编号"按钮，被选中各个段落将自动按顺序显示编号格式。

（2）调整项目编号的修饰参数

行文过程常常针对不同的内容，要求用项目符号、编号和多级编号处理成不同的格式。为调整相应格式，可以通过"项目符号和编号"对话框选择设置。下面以项目编号为例，其他两类修饰可参考处理。

示例：将上例一组带有项目编号的段落类型改为"一、二、三、……"格式。操作步骤如下：

1）继续前例，在选中待修饰对象的前提下，单击"格式"菜单选择"项目符号和编号"命令，显示"项目符号和编号"对话框，单击"编号"标签切换到"编号"选项卡，显示一组预设样式（见图 1—48）。

2）单击对话框中第 1 行第 4 列样式（显示框线），单击"确定"按钮，返回页面时该组段落将按要求显示编号格式（见图 1—49）。

3）如果上述对话框中提供的样式均不满意，可单击对话框中的"自定义"按钮，显示"自定义编号列表"对话框（见图 1—50）。

4）在"编号格式"框的编号左右输入文字，可添加编号的前后缀内容，如"第一条"（见图 1—51）；通过"编号样式"

· 41 ·

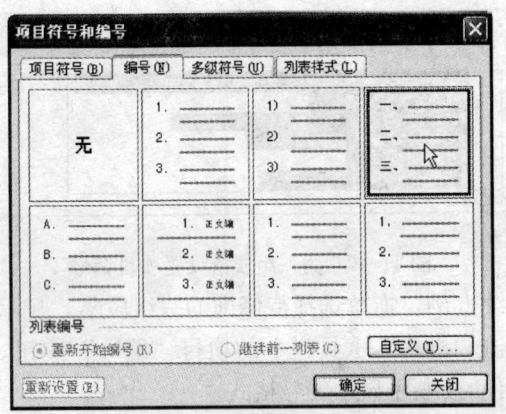

图 1—48 选择合适的项目编号样式

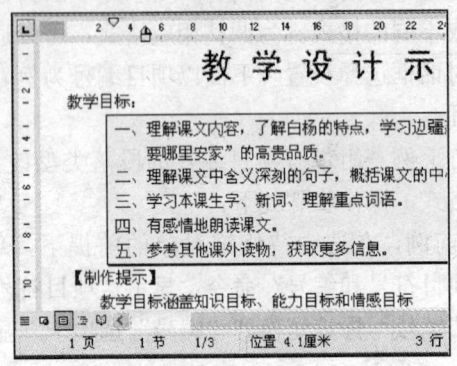

图 1—49 添加项目编号的效果

区,可以选择不同的编号序列样式;通过"起始编号"区可以设置编号起始值;通过"对齐位置"可以设置编号与版边的间距;通过"缩进位置"可以设置项目编号和段落正文的间距。"预览"区则显示实际修饰效果。

5)完成相应设置,在"预览"区显示最终效果后,即可单击"自定义编号列表"对话框中的"确定"按钮,返回"项目符号和编号"对话框。

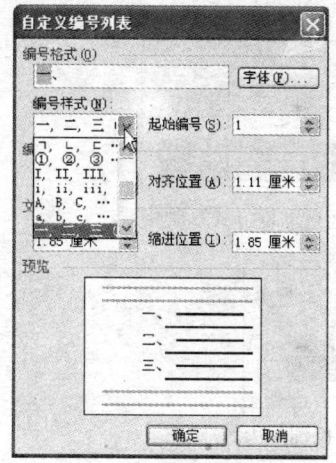
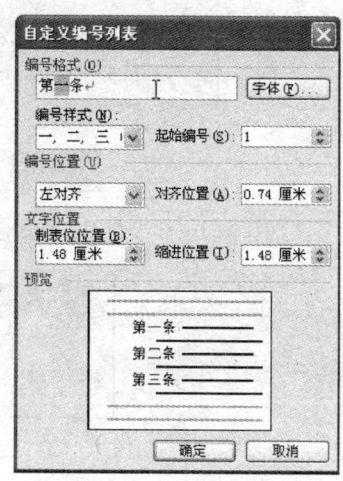

图1—50 设置项目的自定义编号　　图1—51 为项目编号添加前后缀文字

6) 单击"项目符号和编号"对话框中的"确定"按钮,即可完成设置,返回页面并显示实际修饰效果。

提示:项目符号中的编号内容必须通过"编号格式"框选择,不可手工输入具体编号值。

1.3.6 用格式刷快速复制格式

在修饰过程中,常常需要将某一对象的格式(即修饰参数)复制于另一些对象上,从而避免重复修饰操作。为此,Word 提供了"格式刷"工具。该工具可复制对象的格式(如字体、排列方式、边框底纹或项目符号等),但不能复制对象的内容。

示例:在前例中第一行标题格式,复制于"第一课时"段落,使两段落形成相同的格式效果,操作步骤如下:

1) 继续前例,拖拉选择第一自然段落(显示反白)。
2) 单击"格式"工具栏上的"格式刷"按钮(见图1—52)。
3) 移动鼠标光标至屏幕,光标变为 。继续移动到待修饰对象(如"第一课时"左侧),按住鼠标左键并向右拖动(见

图1—53)。

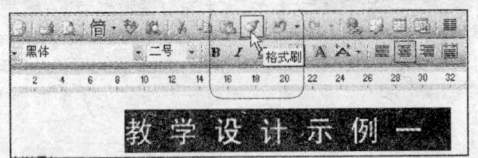

图1—52 利用"格式刷"通过取样方式复制格式

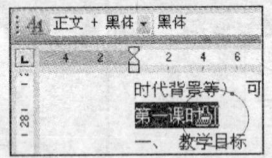

图1—53 选择待修饰的内容

4)松开鼠标左键后,被拖拉显示反白的文字将按取样文字的格式显示修饰效果(见图1—54)。

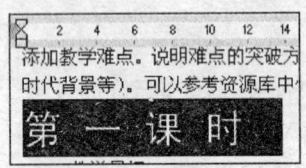

图1—54 用格式刷复制后的修饰效果

提示:单击"格式刷"按钮后若想取消,则按Esc键,或再次单击"格式刷"按钮。如果需要多次使用格式刷,则双击"格式刷"按钮,即可重复复制被取样的格式,直到再次单击"格式"工具栏的"格式刷"按钮,撤消选中状态为止。

借助格式刷功能,可以免除对相同格式的重复修饰,实现快速统一的修饰效果。

1.4 文稿的终审与排版

一篇文稿完成制作后,在打印输出前应进行终审统稿工作,以保证正确输出。终审内容主要包括3个方面:再次审查纸张规格是否与打印用纸匹配、确定版心尺寸和排版的方向、添加页眉和页脚信息。

1.4.1 预览文稿页面效果

示例:针对本章前面制作的文稿,预览其输出效果。操作步骤如下:

1)继续上例,在 Word 窗口中单击"常用"工具栏中的"打印预览"按钮,显示预览窗口。同时屏幕上方的工具栏更新为"打印预览"工具栏(见图1—55)。

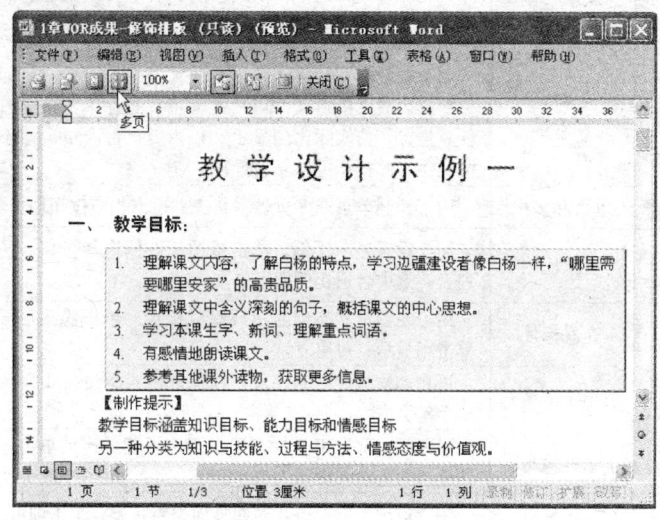

图1—55 预览打印输出效果

2)如果需要查看多页版式整体效果,可单击"打印预览"

工具栏上的"多页"按钮，显示选择面板。然后可用鼠标左键的拖拉方法选择显示的页数，如分 2 行显示 6 页的预览效果（见图 1—56）。

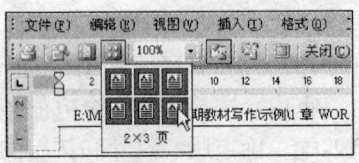

图 1—56　选择预览页数

3）如果需要返回页面编辑状态，可单击"打印预览"工具栏中的"关闭"按钮。

通过"打印预览"工具栏还可以处理一系列与预览相关的操作（见表 1—12）。

表 1—12　有关"打印预览"工具栏按钮的作用

图　标	按钮名称	作用及使用技巧
	打印	用于在预览窗口中直接打印输出文稿，单击即可
	放大镜	用于查看预览效果。单击"放大镜"按钮后，鼠标光标变形为放大镜形状。用"放大镜"光标单击预览窗口任意位置，按实际比例显示文稿内容，再次单击缩小预览比例（此操作可反复进行）
	单页和多页	用于控制单页或多页显示状态。单击相应按钮即可
	显示比例	用于设置显示比例。单击该图标右侧选择按钮，显示列表，选中合适比例即可
	查看标尺	用于在预览状态中显示或隐藏标尺。单击隐藏，再次单击则显示（可重复）
	缩小字体填充	可自动缩减文字的字号，以保证内容尽量排版显示于一个整页内
	全屏显示	可关闭大部分工具栏，用于阅读浏览。连续单击，可在全屏与普通视图间切换
	关闭预览	用于退出预览窗口，返回页面编辑状态，单击即可
	快捷帮助	提供相应帮助内容

1.4.2 纸张大小与方向控制

由于纸张大小的控制已经在前面介绍过,所以本节说明纸张方向的控制方法。

示例:假设上述文稿需要在文尾添加一个附表,而表格的管理项目(即"列"数据)较多,使用竖排页面将不能完全显示。所以要求将附表使用横排页面处理(见图1—57)。

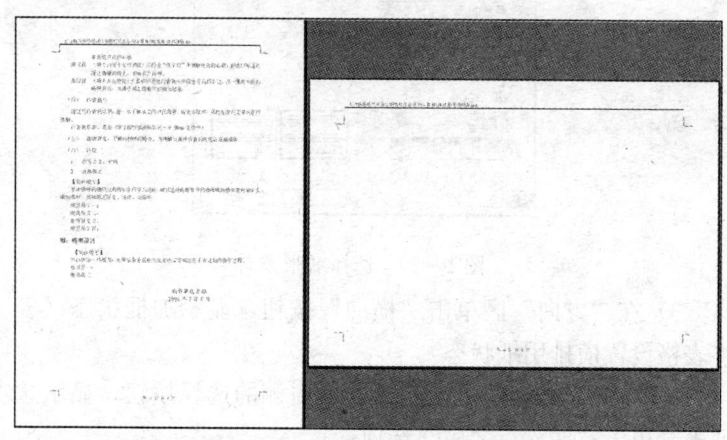

图1—57 纸张的横纵控制

具体操作步骤如下:

1)继续前例,将"I"形光标定位于当前文稿最后一个自然段落位置(见图1—58)。

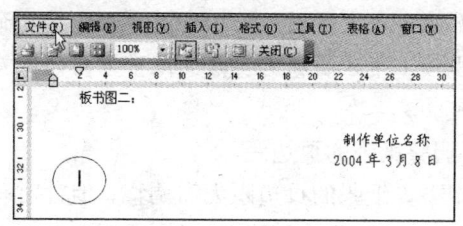

图1—58 定位光标

2)单击"文件"菜单选择"页面设置"命令,显示"页面设置"对话框（见图1—59）。

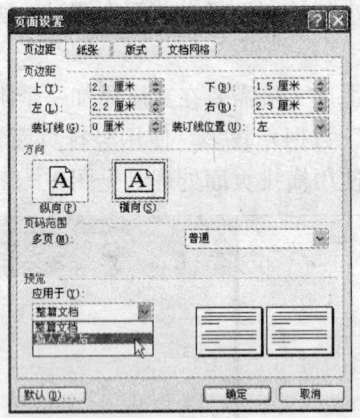

图1—59 选择纸张方向

3）在"方向"区单击"横向"按钮，显示加框状态（表示将表格设置横排用纸状态）。

4）单击对话框中"应用于"框右侧的选择按钮，显示选项列表，单击"插入点之后"选项。

5）完成上述设置后，单击"页面设置"对话框中的"确定"按钮即可。

此后，新页按横排版式处理（前面各页仍然以竖排形式显示）。

注意：如果完成表格制作后，还需要在竖排页面上编写文字内容，则应当按上述方法在需要改变纸张方向的段首位置，重复上述操作即可。

1.4.3 调整纸张的页边距

通常情况下，纸张的页边距无需调整。但针对一些特殊情况（如预留装订线、特殊版心规格等），则需要调整版心尺寸。

示例：前面制作的文稿，假设页数较多，为避免装订后盖压页面左侧文字，则需要在排版时设置文稿有左页边距，具体操作

步骤如下:

1)继续前例,在 Word 窗口中移动鼠标光标至页面顶部的标尺栏左侧,在白色标尺(即"版心标尺")与灰色标尺(即"版边标尺")之间时,鼠标光标变形为双向箭头光标↔。

2)按住鼠标左键后,即可向左、向右拖拉,以改变当前文稿的左页边距。此时可以看见一条纵向虚线,表示改变后的左页边距位置(见图1—60)。

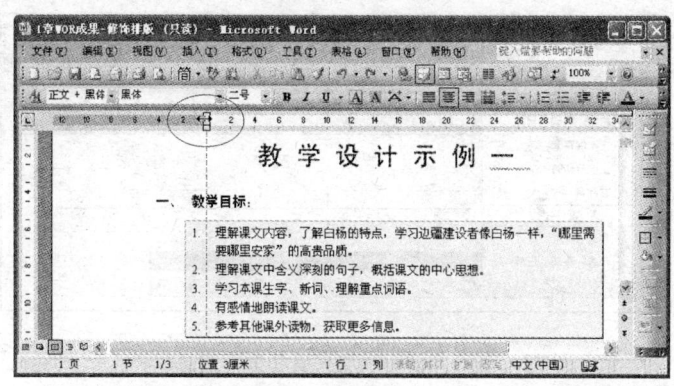

图1—60 拖动标尺改变页边距尺寸

有关上、下页边距的调整方法相同,只是应通过屏幕左侧的垂直标尺进行。

提示:如果需要精确控制页边距尺寸(如为满足出版物需求),则建议使用在"页面设置"对话框的"页边距"选项卡中处理,分别在上、下、左、右各设置框内输入具体数值。

1.4.4 添加页眉和页脚信息

凡添加于页眉和页脚中的信息,通常显示于当前文稿每一页的相同位置。

1.4.4.1 添加页眉和页脚信息

对于普通文稿只需添加基本的页眉和页脚信息。

示例:为前面制作的教案文稿添加页眉和页脚信息,如页眉左侧显示当前文稿的名称和保存位置（以便随时查找），页脚中部显示本文稿的当前页号和总页号，具体操作步骤如下：

1）继续前例。在 Word 窗口中单击"视图"菜单选择"页眉和页脚"命令，激活页眉和页脚设置区并显示"页眉和页脚"工具栏，此时页面输入区处于不能操作状态。

2）单击"页眉和页脚"工具栏上的"插入'自动图文集'"按钮，显示一组可选的页眉和页脚输入项（见图 1—61）。

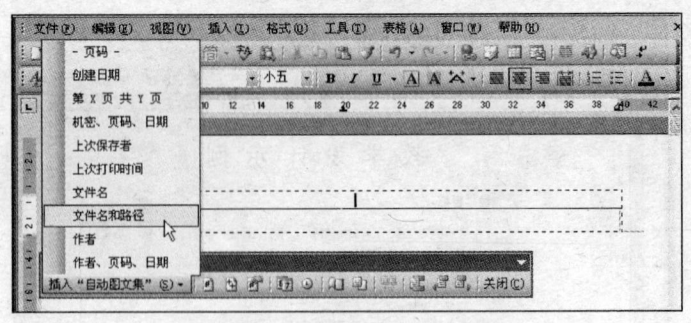

图 1—61 添加页眉和页脚信息

3）单击"文件名和路径"命令项，当前文稿的名称及保存位置将显示于页眉区。

4）如果希望排列在页面左侧，可单击"格式"工具栏上的"两端对齐"按钮。

5）单击"页眉和页脚"工具栏上的"在页眉和页脚间切换"按钮，可以转至页脚设置区。

6）单击"插入'自动图文集'"按钮，并选择"第 X 页共 Y 页"命令，可在页脚区添加本文的页号和总页号信息。

提示： 页眉和页脚内容也可以在插入点光标位置输入字符。区别在于，前者以变量形式插入，可以通过"更新"操作保持信息的即时性；后者以常量形式插入，每页相同位置总显示相同的内容。处理时应根据文稿页眉和页脚的显示需求进行选择。

1.4.4.2 特殊类型的页眉和页脚信息

针对公文或书刊类文稿，页眉和页脚信息通常会存在特殊要求，例如，公文首页不显示页眉和页脚信息，书刊则按奇偶页不同的方式显示页眉和页脚信息。

示例：针对前面的文稿，设置首页不显示页眉和页脚信息（见图1—62）。

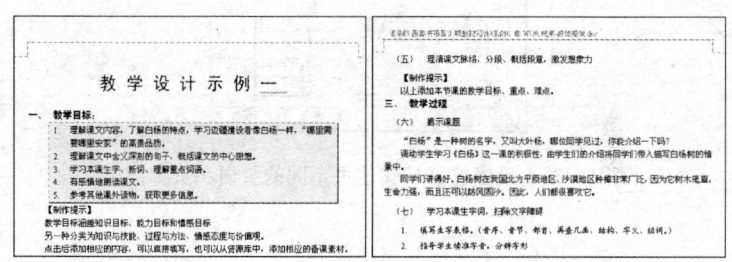

图1—62 设置首页与其他页不同的页眉信息

具体操作步骤如下：

1) 继续上例。可以看见各页均存在页眉和页脚信息。

2) 单击"文件"菜单选择"页面设置"命令，显示"页面设置"对话框。

3) 单击"版式"标签切换到"版式"选项卡。

4) 在"页眉和页脚"区单击"首页不同"复选框，显示确认标记"√"（见图1—63）。

5) 单击对话框中的"确定"按钮，返回文稿页面，效果见图1—62。

提示：如果希望设置首页的页眉和页脚信息，而且要求与其他页不同。在完成上述设置后，在页眉和页脚工作视图中，通过"显示前一页"和"显示下一页"按钮，分别切换至首页和其他页，再按上述方法添加页眉和页脚信息。

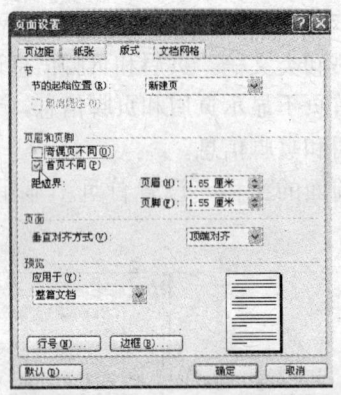

图1—63 设置首页与其他页不同的页眉和页脚信息

1.5 电子文档的保存与打印输出

经过上述行文过程后,一份文稿的制作基本完成。一般都需要将其保存,也可以打印输出。

本节介绍文档的保存方法和打印输出技巧。

1.5.1 保存电子文档

电子文档的保存可以有多种形式和方法,以适应不同的存档要求。例如:"保存"命令可以实现两类快速保存;"另存为"命令用于处理一些特殊要求的保存;而"另存为 Web 页"命令,可以将文档保存为可以在网页中阅读的格式等。

1.5.1.1 正确使用"保存"命令

"文件"菜单中的"保存"命令是软件中用于保存的常用命令,该工具的特点是使用简单、快捷。操作方法:

只要在当前文档窗口内,单击"常用"工具栏中的"保存"按钮,即可将当前文档保存于默认的存储位置(如"我的文档"文件夹,或经过指定的文件夹)。

但是,"保存"命令在使用过程中,按当前文档的性质不同,有两种控制方法,将产生两种保存结果(见表1—13)。

表 1—13   "保存"命令的两个控制方法

当前文档的性质	保存状态	控制方法
新文件 在文档窗口标题栏中,以编号(如文档1、文档2、……)序列显示的文件名,为新文档	执行"命名保存"	单击"保存"按钮后,显示"另存为"对话框。在"名称"框内输入与该文档内容相符的文件名即可
旧文件 在文档窗口标题栏中有明确含意的文件名称,通常打开旧文件以修改内容	执行"覆盖保存"	单击"保存"按钮后,直接保存修改内容,覆盖原稿内容。而且每次单击该按钮,均覆盖上一稿内容

1.5.1.2 通过"另存为"对话框处理文档的特殊保存

在工作中常常存在一些特殊保存要求,包括更名保存、定位保存、变化保存类型、为文档进行加密保存等。这些操作均可通过"另存为"对话框处理(见图1—64)。

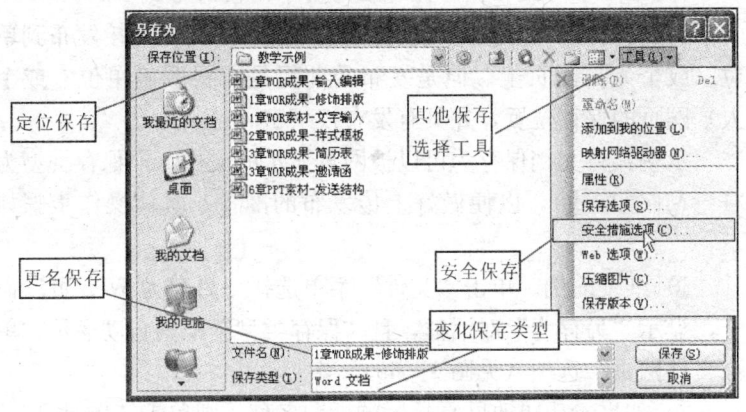

图1—64 通过"另存为"对话框设置特殊保存选项

示例:假设前面打开的文稿需要更名保存于指定文件中,具

体操作步骤如下:

1) 继续前例,在 Word 文档窗口内单击"文件"菜单选择"另存为"命令,显示"另存为"对话框。

2) 单击"保存位置"框右侧的选择按钮,显示资源列表(包括桌面、磁盘和文件夹,甚至网络和其他计算机等)。选择指定保存文件的路径即可实现"定位保存"。

3) 在"另存为"对话框中的"文件名"框内,输入新文件名称,可以实现更名保存。

4) 如果需要改变文件的保存类型(如"文档模板"),可以单击对话框中"保存类型"框右侧的选择按钮,选择"文档模板"项,即可改变文档的保存格式。

5) 如果需要添加保存密码,则单击对话框中的"工具"按钮,显示其他与特殊保存相关的命令列表,单击"安全措施选项"显示"安全性"对话框,在此可以设置各种保存密码。

6) 完成上述设置后,单击"另存为"对话框中的"保存"按钮即可。

1.5.1.3　将文档保存为可在网页中阅读的格式

通过这种保存方式,可以将 Word 制作的文档直接发布到单位(或个人)网页上。但是发布的前提是需要明确单位(或个人)网页的保存位置,并具有发布权(密码)。

示例:将文档保存为可以被网页显示的文档(即保存类型为"HTML"格式),以便做好上传发布的准备。具体操作步骤如下:

1) 继续前例。单击"文件"菜单选择"另存为 Web 页"命令,显示"另存为"对话框,且"保存类型"框内自动显示"单个文件网页"选项(见图 1—65)。

2) 如果希望更改网页显示的标题名称,则单击"更改标题"按钮,显示相应对话框后输入新名称,单击"确定"按钮返回"另存为"对话框。

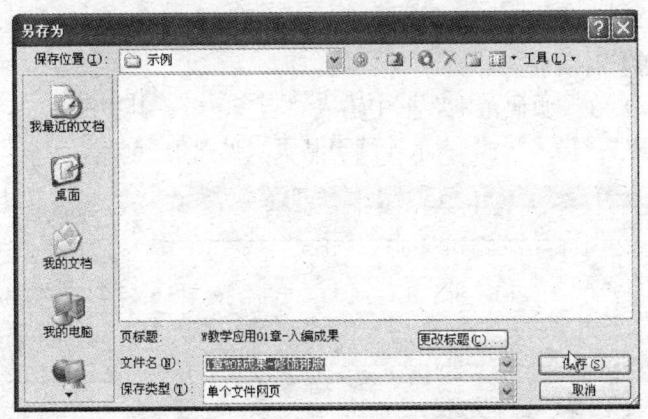

图 1—65 直接将 Word 文稿发布到网页中

3)完成上述设置后,单击"另存为"对话框中的"保存"按钮即可。

提示:保存过程中请记住网页文件的保存位置(路径),以便在网上发布时正确选择保存位置。

1.5.2 文稿的打印输出

文稿的打印可以使用多种方法。本节介绍两种常用的基本方法。

1.5.2.1 常规打印输出

常规打印通常使用"常用"工具栏上的"打印"按钮 。该按钮的特点是,每次单击,都会将当前文档从头至尾全部打印输出。所以,此功能特别适合文档制作后的首次打印。

1.5.2.2 在对话框中设置特殊打印选项

针对一些特殊打印要求,如只打印文稿中的某些页、设置打印份数、特殊打印方式等,则不能使用常规打印方法,而应当调出"打印"对话框处理。

示例:针对前面的文稿,设置选择页号打印,如只打印其中的第 3 页和第 5 页至第 6 页,而且设置打印份数为"3"。具体操作步骤如下:

1)继续前例。单击"文件"菜单选择"打印"命令,显示"打印"对话框。

2)在"页码范围"框中输入"3,5—6"。其中符号","表示间隔,符号"—"表示连续至某页(见图1—66)。

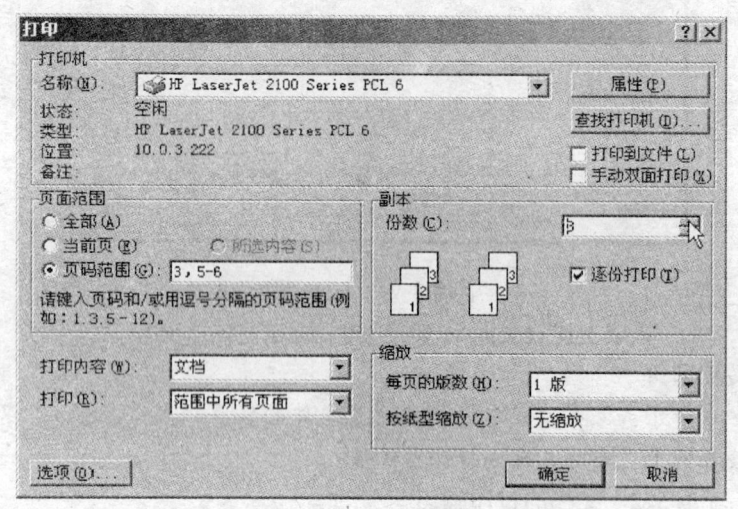

图1—66 设置打印选项

3)在"份数"框选择份数为"3"后,单击"打印"对话框中的"确定"按钮,在打印机连接正确的情况下,稍候即可输出该文档的打印稿。

至此,本章按行文流程,完成了一份文稿的制作过程。

练 习 题

1. 启动 Word 窗口,并进入行文页面。

要求:分别用启动软件和打开文档的方式进入行文页面。

2. 正确运用 Word 窗口。

要求:控制窗口的大小(包括最大化、最小化并改变其大小);改变窗口在屏幕中的位置以适应操作(如平铺、折叠)。

3. 将当前窗口的任务窗格切换为"剪贴板"任务窗格。

要求：掌握切换不同名称任务窗格的方法，显示或关闭"任务窗格"。

4. 关闭 Word 软件。

要求：分别关闭文档窗口和软件窗口。

5. 行文用纸的规格可以通过哪个对话框设置？

6. Word 窗口可设置几种视图的显示？

7. 以下两组快捷键分别用于哪类切换？（请用连线法解答）

   快捷键   作用

  Ctrl+Shift 键   中文输入法与英文键盘

  Ctrl+空格键   各种汉字输入法之间

8. 文字输入训练。

要求：输入一段 100 字左右的中、英文混合内容，要求在 5~8 分钟内完成输入。

9. 更改输入性错误。

要求：针对上题录入文字进行更正练习，包括更正提示错误等。

10. 常规编辑中有 6 种操作对象，请说明其选中的显示状态及操作方法。

11. 请对一个段落设置两种不同的缩进格式（首行缩进 2 个汉字、悬挂缩进 4 个汉字）。

要求：分别使用对话框和标尺设置。

12. 针对三级标题段落，设置项目编号。

要求：将文稿中的三级标题设置为项目编号，样式为"一、二、三、……"，且自动编号。

13. 用"格式刷"工具统一相同格式的对象（字符或段落）。

要求：用"格式刷"连续复制多个对象的格式。

14. 设置页眉和页脚信息。

要求：页眉以变量形式添加文件名和路径信息，并更改页眉底部分割线的格式为"双横线";为页脚添加以变量形式显示的页号和总页号。

15. 请在 1 份多页的文稿中设置某 1 页为横向版式(例如用于制表)。

要求:其他各页均纵向排版。

16. 将制作完成的文稿保存为电子文档。

要求:使用有效的文档名称。

17. 打印长文档的部分页面。

要求:选择 3 个连续页号和 1 个间隔页号。

第 2 章 用表格和图形增加文稿表现力

本章学习目标：学习在文稿中运用图文混排的方法，丰富文稿内容、增强文稿的表现力。掌握表格结构特征的编辑技巧，图形对象的添加方法和排版特征。

2.1 表格在行文过程中的应用

表格可以将一组不易使用叙述语言描述的信息表达清楚，如作者（个人）简历表（见图 2—1）。

姓名		性别		民族		
学历		专业		婚否		
职称			毕业院校			
家庭住址				邮编		
联系电话				电子邮件		
作者主要经历						

图 2—1 用表格表达一组信息

通过表格可以将一组信息加以分割，而且还可以表现信息间的关联，如会议日程表（见图 2—2）。

日程 时间	时间	内容
上午	8：30—8：40	开场白
	8：40—9：00	审纲会情况介绍
	9：00—10：45	甲教案制作说明
	10：45—11：00	休息
	11：00—11：45	乙教案制作说明
中午	12：30—14：00	午休
下午	14：00—14：45	试讲甲教案课程
	15：00—15：45	试讲乙教案课程
	16：00—17：00	评审、总结

图 2—2　用表格显示信息间的相关性

通过表格还可处理日常文稿修饰中不易表现的形式，如标语式排版（见图 2—3）。

某计算机学校 某通讯设备公司	远程计算机应用培训

图 2—3　用表格处理特殊排版修饰

总之，表格可以在行文过程中增强信息的表现力。本节将介绍表格结构的规划和设计、表格对象的选择和编辑、表格内容的修饰和排版、用表格进行特殊修饰的技巧等。

2.1.1　规划并创建表格结构

在 Word 软件中，如果希望在页面中添加表格通常有两种方法，即计算法和手工绘制法。下面分别介绍。

2.1.1.1　用计算法制作表格

计算法是一种较传统的制表方法，其特点是在制表前勾画草图（见图 2—4），然后按草图结构计算表格的列数和行数值。这一方法比较适合制作结构相对复杂的表格。

表格结构的计算方法：

从表格左（或顶）边线开始计算（设置为“0”线），凡列向存在的不在同一条直线上的竖线（或者横向存在的不在同一条直线上的横线），均应计算为一列（或一行）。然后，再按计算结果建立表格结构。例如，作者（个人）简历表（见图2—4）。

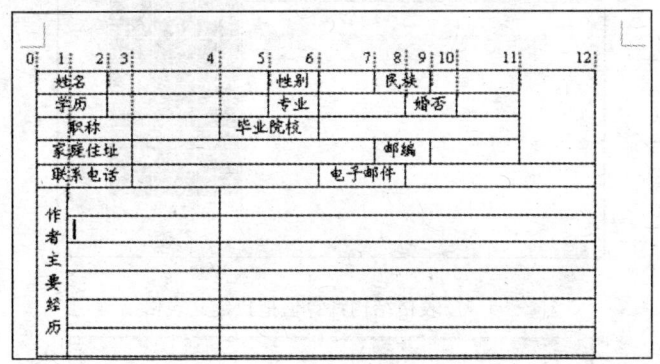

图2—4 用计算法设计表格结构

从上述简历表的结构计算中，可以获知，该表是一个12列、11行表格。所以，建立表格时，便应按此数值制作。

示例：本节以制作作者（个人）简历表为例，在新文档页面制作由12列11行构成的表格。具体操作步骤如下：

1）打开一个新文档，按下Enter键使"I"形光标显示于文稿第2行左侧。

2）在"常用"工具栏右侧的"插入表格"按钮处，单击并按住鼠标左键向右下角方向拖拉鼠标光标，显示表格网格（见图2—5）。

3）观察网格区底部显示的数值，满足条件（本例为12列11行）后，松开鼠标左键，表格将自动显示于当前页面第2行以下的位置（见图2—6）。

比较图2—4和图2—6即可发现，当前显示的表格结构与目标表格存在着较大的差异。这就需要调整表格结构。

在表格结构的调整过程中，最常用的方法有两种：

一是通过"合并单元格"方式调整单元格的组合；

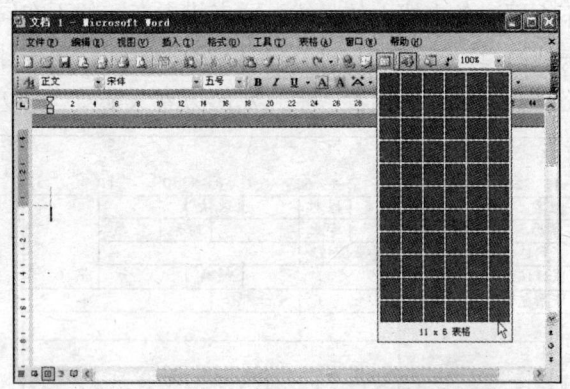

图2—5 按表格结构计算值拖拉建立表格结构

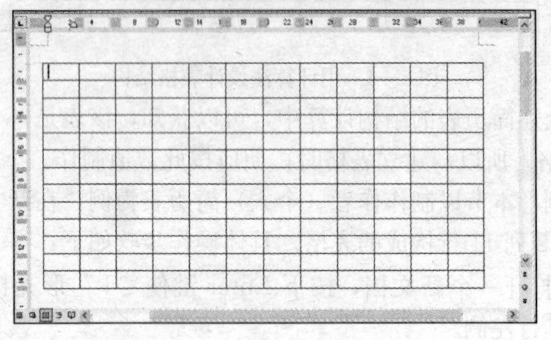

图2—6 显示表格框架

二是利用调整"列宽""行高"的方式控制列、行的位置,最终形成表格。

2.1.1.2 用绘图法绘制表格

用绘图法制作表格与在纸上画表格十分相似,可避免繁琐的表格结构计算。但此方法比较适合制作小型且随意性较强的表格。

单击"常用"工具栏上的"表格和边框"按钮,弹出"表格和边框"工具栏,其中提供了绘制表格结构的各种工具(见图2—7)。

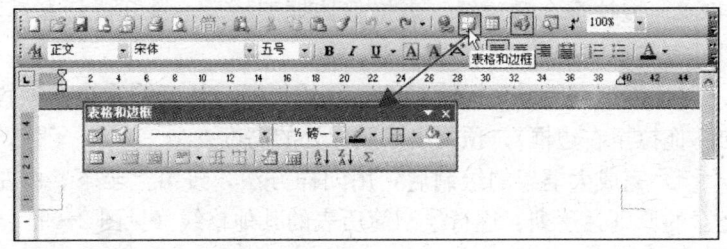

图 2—7 显示"表格和边框"工具栏

绘图法制表的方法是：先绘制表格外框（如简历表的外框线），再绘制大块的结构区（如为添加照片预留 4 行），最后再绘制表格的细节结构（各列和行）。

示例：仍以作者（个人）简历表为例，用绘图法直接完成表格的设计。操作步骤如下：

1）启动 Word 窗口并打开新文档，单击"常用"工具栏中的"表格和边框"按钮（见图2—7），显示"表格和边框"工具栏。

2）鼠标光标移动至页面后自动变形为笔形（表示可以绘制表格）。移动光标至待绘制表格的起始位置（左上角），按住鼠标左键并向右下角拖拉，显示虚线格式表格框边（见图 2—8）。

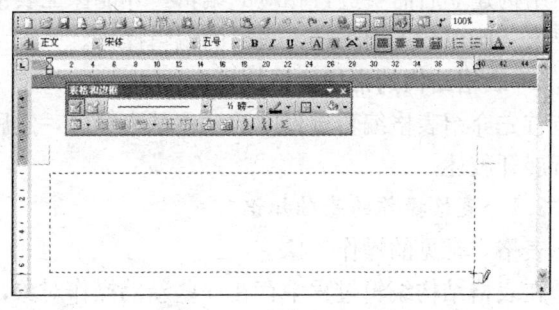

图 2—8 用绘图法拖拉表格的外框线

· 63 ·

3) 拖拉至合适位置（表格整体框架）后，松开鼠标左键，即可完成整体表格外框线的绘制。

4) 继续用笔形光标绘制第 5 行的行线（从表格左边框位置向右拖拉至右边框），预留出贴照片处的高度。

5) 完成大框架的绘制后，用同样方法，按由上至下、由左至右的原则，逐列、逐行绘制简历表的其他格线（见图 2—9）。

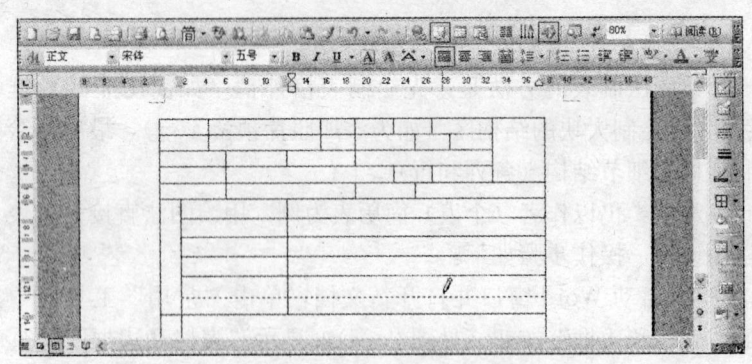

图 2—9 用绘图法完成表格细部结构的绘制

提示：用绘图法制作表格结构虽然简单，但在绘图过程中不易控制格线的等间距（而计算法却没有此类问题）。

表格结构建立后需要进行相应的编辑，才能保证表格符合设计使用要求。所以，下面将转入表格的编辑操作。

2.1.2 表格结构的常规编辑技巧

本节首先介绍表格编辑过程中的一些基本概念，然后对编辑方法进行展开叙述。

2.1.2.1 表格操作的基础知识

(1) 表格中常见的操作对象

由于在表格结构编辑过程中存在一些新的操作对象，如单元格、列、行和表格等。所以，操作前应当先认识一下这些对象。

"单元格"，指表格网格区内的一个格，用于存储信息（或输入具体内容）。由于每个单元格相对独立，编辑过程中可单独选中并进行操作（如改变列宽等），这样就可以方便地调整表格结构，形成复杂的表格框架关系。

"列"，通常指纵向贯穿表格的一组单元格，也称为"整列"。

"行"，通常指横向贯穿表格的一组单元格，也称为"整行"。

提示：整行或整列的选择，在表格编辑过程中常常用于快速调整表格的纵横结构。

"表格"通常指表格框架以内的整个网格区。可以选择表格区，并进行移动、改变大小和删除等编辑操作。

(2) 表格中的光标形态及作用

鼠标光标在表格区域内移动时，在不同位置将显示不同的光标形态（见图2—10），以表示可以进行不同类型的操作。所以，认识鼠标光标在表格中的形态，有助于控制表格编辑操作。

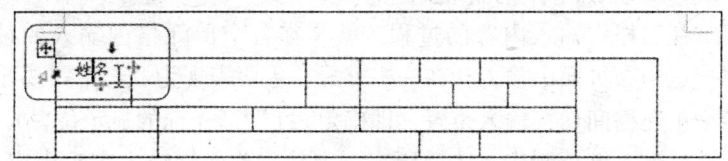

图2—10 表格中常见的光标变形位置

从图2—10中可以看出，仅在表格左上角区域，即可显示若干种鼠标光标的形态。也就是说，鼠标光标在表格内移动，将随时按位置的不同显示这些变化。表2—1中列出了鼠标光标形态和用途。

表2—1　　　表格中的鼠标光标形态和用途

光标形态	用　　途	位　　置
✥	选择整个表格	显示于表格区域左上角外侧
↗	选择整行	显示于表格区域左侧线外
↗	选择单元格	显示当前单元格左侧格线内部
↔	改变列宽	显示于当前列的右侧列线上

续表

光标形态	用　途	位　置
÷	改变行高	显示于当前行的底部行线上
↓	选择整列	显示于当前列顶部横线外部
▫	改变表格大小	显示于表格区域右下角外侧
		输入文字	默认显示于待输入内容的单元格左侧
I	确定文字的输入位置	在表格中移动时显示

2.1.2.2　表格内容的输入与编辑

完成表格结构的搭建后，即可以向单元格中输入内容。如果输入内容有误，还需要进行一些常规编辑操作。下面分别介绍。

（1）在表格中输入内容

在表格中输入内容的过程，就是在各个单元格内输入的过程。这与在页面中输入存在一些差异。主要表现为，经常需要在各个单元格间切换输入位置（即确定"I"形光标的显示位置）。

示例：继续制作上述简历表，为一些单元格输入表头内容，例如，姓名、性别等。具体操作步骤如下：

1) 继续前例，在完成结构创建的表格中，单击表格第 1 行第 1 列的单元格位置，显示"I"形光标。

2) 用汉字输入法输入内容"姓名"（见图 2—11）。

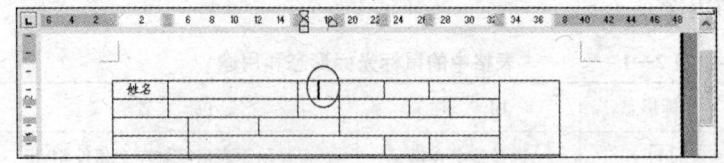

图 2—11　在表格中输入文字并切换单元格

3) 按 Tab 键 2 次，向右切换至简历表的下一个单元格，输入内容"性别"。同样方法，完成简历表中各个单元格表头内容的输入。

提示：如果操作中希望转向任意单元格输入内容，也可使用小键盘方向键，或者用移动鼠标"I"形光标的方法，控制"|"光标在单元格中的位置。

（2）表格内容常规编辑操作

所谓常规编辑，一般指移动、复制和删除操作。但是，进入表格后，删除操作的含义发生了一些变化。

一旦进入表格工作区，系统便默认"删除"功能存在两种含意：一是"清空"，表示删除单元格中的具体内容，但保留单元格结构；二是"删除"，此功能在删除单元格结构的同时，也删除其中的内容。

按表格的常规编辑需求，清空单元格内容的应用频率相对较高。所以，在表格中进行删除操作时，系统便自动对键盘上的 Delete 键赋予"清空"的含意。

如果确实需要删除单元格的结构，则必须通过菜单命令处理。

示例：针对前面制作简历表的第 1 列第 1 行单元格，分别运用"清空"和"删除"命令，以观察两者的区别。操作步骤如下：

1）继续前例。在完成简历表内容的输入后，将鼠标光标移至第 1 列第 1 行单元格左侧，显示 ➤ 光标后，单击选中此单元格，显示反白（见图 2—12）。

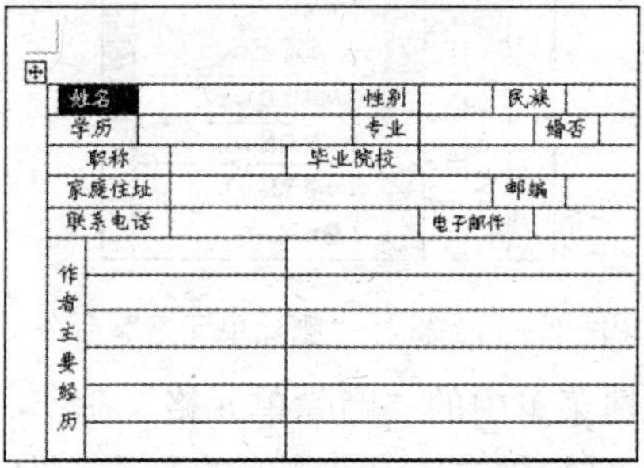

图 2—12 选择待编辑的对象（如单元格）

2）单击键盘上的 Delete 键，即可清空该单元格中内容，如"姓名"，表格结构没有发生变化（见图2—13）。

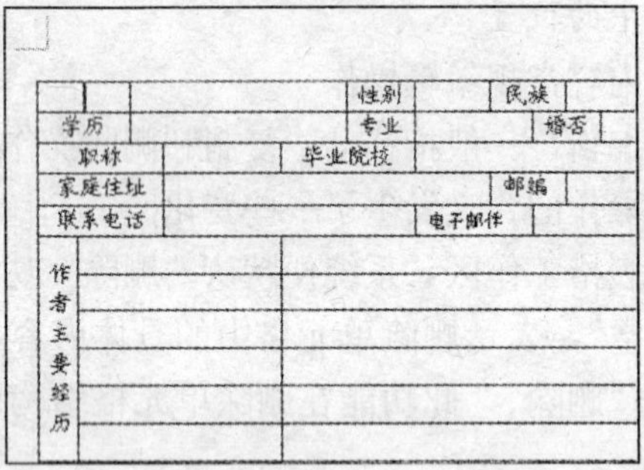

图2—13 清空表格单元格的内容但不改变表格结构

3）完成上述操作后，单击"常用"工具栏上的"撤消"按钮（恢复"清空"操作前的状态）。

4）再次移动鼠标光标至第1列第1行单元格左侧，显示光标后单击选中该单元格，显示反白，单击鼠标右键，显示快捷菜单（见图2—14）。

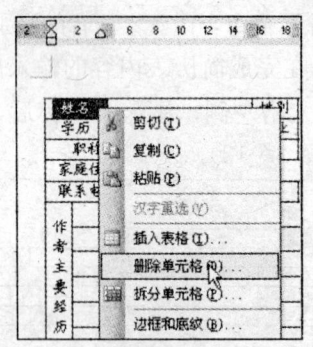

图2—14 选择"删除单元格"命令

5）单击快捷菜单中的"删除单元格"命令，显示"删除单元格"对话框，并提供选择一种删除的方式（见图2—15）。

6）本例按默认选项，即选中"右侧单元格左移"单选项。

单击"删除单元格"对话框中的"确定"按钮后,返回表格页面。

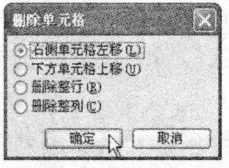

图 2—15 选择删除表格结构的操作

此时将发现该单元格中的内容不但已经清空,其结构也同时删除了(见图 2—16)。

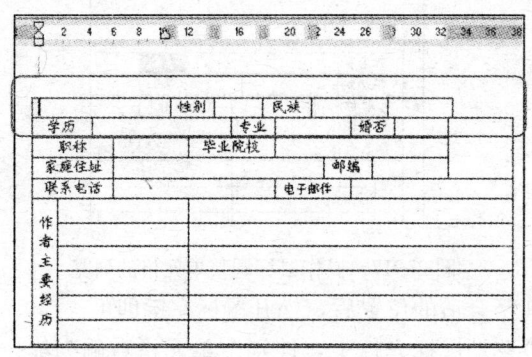

图 2—16 删除单元格后的效果

提示:在表格中使用"删除"命令时,必然产生表格结构的变化(其中数据可能出现错位现象)。所以,请谨慎使用此功能。

2.1.2.3 与表格结构相关的其他编辑操作

除上述常规编辑操作外,在表格对象中还存在一些特殊的编辑功能,包括调整行高或列宽、合并或拆分单元格、插入或删除单元格结构,甚至删除整个表格等。下面分别用不同的方法进行操作。

(1)移动鼠标光标改变表格的列宽或行高

在表格结构调整中,经常通过改变列宽或行高的方法调整表格的结构。具体操作时可以选择某一个单元格进行,下面说明列宽和行高的调整方法。

示例：在简历表中，调整"性别"单元格的列宽及位置。操作步骤如下：

1）继续前例。进入简历表页面并选中"性别"单元格，显示反白。

2）移动鼠标光标至该单元格左侧列线位置，光标变形为纵向夹子光标⋅⊩（表示可以改变左侧列宽）。按住鼠标左键并向左拖拉，以虚线形式显示目标列宽的位置（见图2—17）。

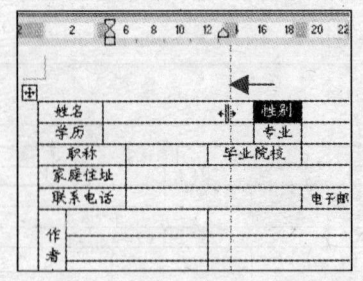

图2—17 操作鼠标调整单元格的列宽

3）拖至合适的位置后，松开鼠标左键即可。

4）再移动鼠标光标至"性别"单元格右侧列线位置，显示光标⋅⊩后，按住鼠标左键向左拖拉，至合适的位置后松开鼠标左键，"性别"左侧的单元格列宽被调整了（见图2—18）。

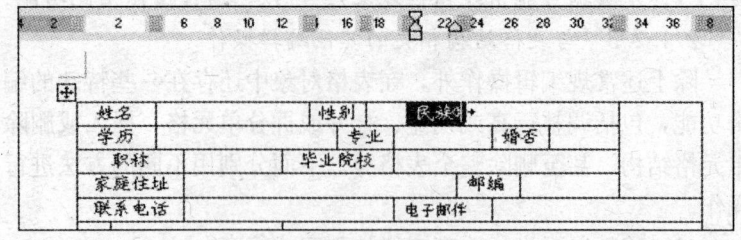

图2—18 调整单元格列线后的效果

5）用上述方法可以调整其他单元格。

提示：调整表格的行高时，应移动鼠标光标到当前行底部的行线位置，显示水平夹子光标后，可拖拉改变行高。

（2）用合并单元格方法调整表格结构

上述表格的单元格大小不相同。通常使用"合并单元格"或"拆分单元格"的方法调整表格结构。

示例：将新表格第1行中第1列和第2列单元格合并为一个单元格，以便输入表头内容"姓名"。具体操作步骤如下：

1）打开前面用计算法创建的简历表文件（显示12列13行的框架），拖拉选择第1行第1列至第2列2个单元格，显示反白状态（见图2—19）。

图2—19 通过合并单元格的方法编辑表格的结构

2）单击"常用"工具栏中的"表格和边框"按钮，显示"表格和边框"工具栏。

3）单击"表格和边框"工具栏中的"合并单元格"按钮，即可将上述2个被选中的单元格合并为1个新的单元格。

4）输入该单元格的内容，如"姓名"（见图2—20）。

5）此后，对比表格结构逐一按单元格合并方法调整新表格的单元格，并调整列宽或行高，完成表格整体结构调整后，即可形成一张名为"简历表"的新表格。

（3）用"插入"功能调整表格结构

如果需要调整表格的整体结构，可通过插入或删除结构的方

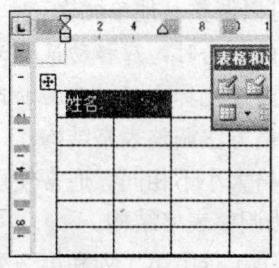

图 2—20 在合并单元格内输入文字

法处理。"插入"和"删除"的操作对象包括"行"或"列"和"单元格"。

示例:假如上述简历表的"作者主要经历"区中需要增加行,则应添加相应的行结构。具体操作步骤如下:

1)继续前例,在完成简历表结构的页面中,移动鼠标光标至表格第 6 行位置,并拖拉选择该行(显示反白)。

2)单击"表格"菜单选择"插入"命令,显示菜单列表(见图 2—21)。

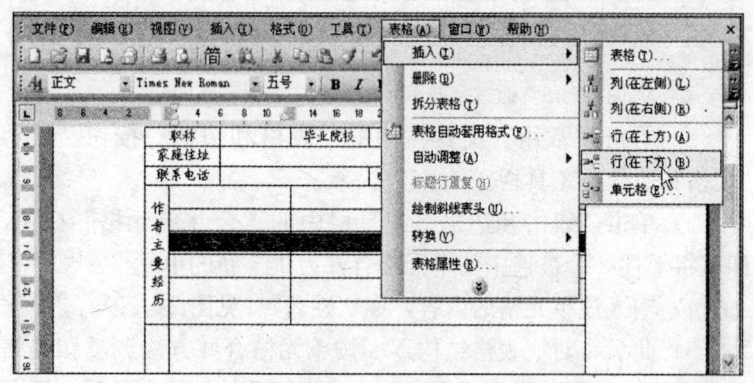

图 2—21 在表格当前行位置插入新行

3)根据插入行的位置,单击选择"行(在上方)"或"行(在下方)"命令,即可在"作者主要经历"区中增加新行。

提示：在表格编辑过程中，随着选择操作对象（如列、行或单元格）的不同，"常用"工具栏上的"插入表格"按钮，也将自动改变其按钮名称，如"插入列""插入行"或"插入单元格"。所以，操作过程中应特别注意。

（4）用"删除"功能调整表格结构

同样，删除表格结构的对象，也是指"行""列"或"单元格"。

示例：假设上述表格中，"作者主要经历"区存在多余的行，则可通过删除行操作删除多余的行。具体操作步骤如下：

1) 继续前例。拖拉选择待删除行，显示反白。

2) 在被选中对象（反白显示）位置，单击"表格"菜单选择"删除"命令，显示二级菜单，单击"行"命令即可（见图2—22）。

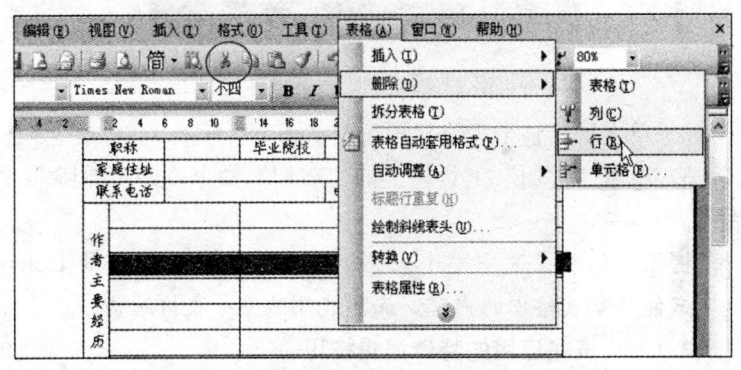

图2—22 删除表格行结构

3) 或者在选中待删除对象后，直接单击"常用"工具栏上的"剪切"按钮，也可删除该行。

提示：学会针对"行"对象的插入和删除后，"列"对象和"单元格"对象的插入和删除方法与之相同，只是选择的对象及选中的状态不同而已。

（5）删除整个表格

此功能可以快速一次性完成对整个表格的删除操作（包括内容和结构）。

示例：假如希望将前面创建的简历表整体删除，以便在页面中进行其他操作。具体操作步骤如下：

1) 继续前例。移动鼠标光标至表格左上角四向十字按钮⊞位置，鼠标光标随之变形为，表示可选择整个表格见图2—23）。

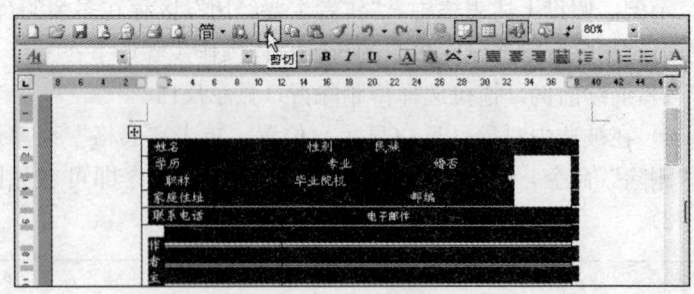

图 2—23 删除整个表格

2) 单击后，整个表格显示反白状态。

3) 单击"常用"工具栏上的"剪切"命令，即可删除整个表格。

提示：如果在选中整个表格的状态下，按键盘上的 Delete 键，只能清空表格中的内容，而不能删除整个表格结构。

2.1.3 表格应用的特殊编辑技巧

本节介绍几种特殊的表格编辑技巧，包括制作会议日程表、联系人通信录等。下面分别介绍。

2.1.3.1 添加表头斜线及文字

如果表格结构包含多项内容，则应在左表头第1个单元格内设置斜线表头区（见图2—24）。

示例：针对审纲会的会议日程表（见图2—24），进行表头斜线的编辑。具体操作步骤如下：

日程时间	时间	内容
上午	8：30—8：40	开场白
上午	8：40—9：00	审纲会情况介绍
上午	9：00—10：45	甲教案制作说明
上午	10：45—11：00	休息
上午	11：00—11：45	乙教案制作说明
中午	12：30—14：00	午休
下午	14：00—14：45	试讲甲教案课程
下午	15：00—15：45	试讲乙教案课程
下午	16：00—17：00	评审、总结

图 2—24 为表格设置斜线表头

1) 单击"表格"菜单选择"绘制斜线表头"命令（见图 2—25），显示"插入斜线表头"对话框，其中可以设置斜线表头的样式和参数（见图 2—26）。

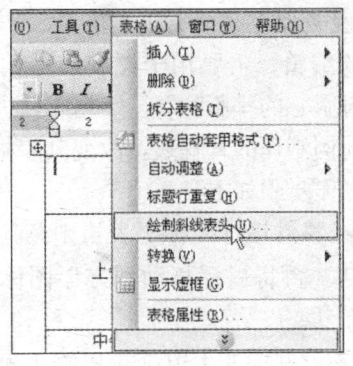

图 2—25 选择"绘制斜线表头"命令

2) 在"插入斜线表头"对话框中，单击"表头样式"区右侧选择按钮，显示样式列表，选择"样式一"，即选择了单斜线表头形式；然后在"行标题"框内输入上表头名称"日程"，在"列标题"框内输入左表头名称"时间"（见图 2—26）。

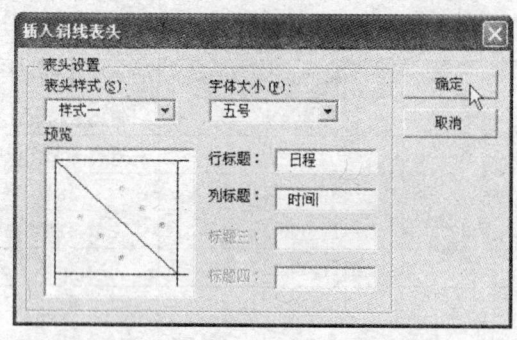

图 2—26 为表头添加斜线和文字

3）完成上述设置后，单击"确定"按钮，返回页面后，表格第 1 个单元格内显示斜线表头（见图 2—24）。

提示：在设置斜线表头的过程中，一是选择"样式"应适当；二是表头文字尽量简洁，而且应控制字号（最好小一些，避免显示不出来）。

2.1.3.2 调整表格整体的大小和位置

对表格整体的编辑，主要用于控制表格在页面中的排版位置，包括表格相对版心的排版位置、表格整体大小的调整等。

示例：针对前例制作的日程表，改变其表格整体的大小和在版面中的位置。操作步骤如下：

1）继续前例，移动鼠标光标至表格中，其右下角显示一个方形的控制图标□。再将鼠标移动到方形图标□上，鼠标光标变形为双箭头光标。

2）按住鼠标左键并向左上方拖拉以缩小表格（向右下方拖拉时，放大表格），拖拉过程中虚线显示压缩后的表格大小（见图 2—27）。

3）拖拉到合适的大小后，松开鼠标左键，即可缩小上述日程表的整体大小。

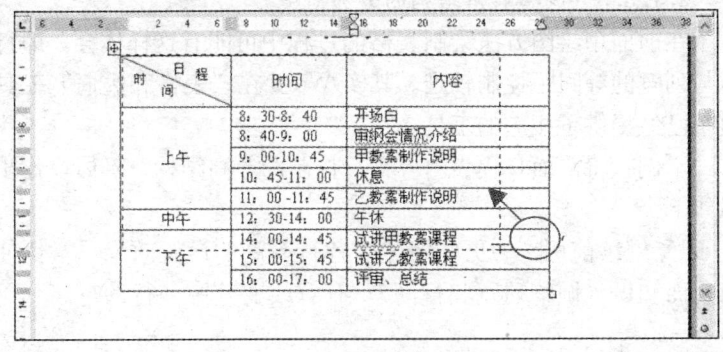

图2—27 改变表格的大小

提示：改变表格大小后，可能同时改变其中的版面效果。所以，常常还需要重新调整表格结构，甚至需要变更表格中文字的大小。

4）如果需要整体移动表格，改变表格在页面中的位置，可移动鼠标光标到表格左上角的"选择整个表格"图标⊞，鼠标光标变形为形的控制图标。

5）按住鼠标，光标变为✥形状后拖拉表格，拖拉过程中以虚线显示目标位置（见图2—28）。

6）拖拉到合适的位置后，松开鼠标左键即可。

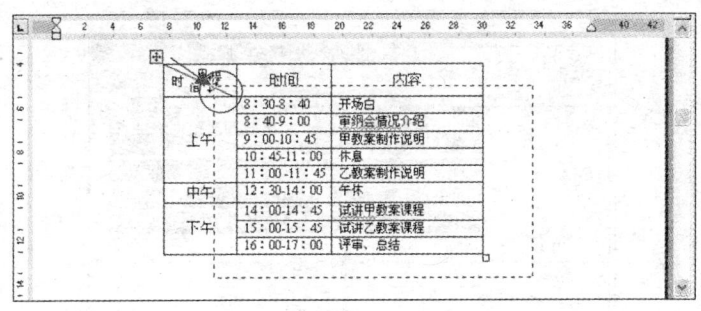

图2—28 调整表格在页面中的位置

2.1.3.3　调整表格结构的分布

在前面用绘图方法绘制表格的过程中可能有这样体会，即行高与列宽的等间距控制较难。其实 Word 在“表格和边框”工具栏中已经提供了相应的工具。

示例：将前面日程表内容各行控制为等高结构。具体操作步骤如下：

1）继续前例。为更好地体会各行等高的设置效果，本例使用前面知识（调整列宽和行高），有意改变其中一行的行高（见图 2—29）。

日程 / 时间	时间	内容
上午	8：30-8：40	开场白
	8：40-9：00	审纲会情况介绍
	9：00-10：45	甲教案制作说明
	10：45-11：00	休息
	11：00-11：45	乙教案制作说明
中午	12：30-14：00	午休
下午	14：00-14：45	试讲甲教案课程
	15：00-15：45	试讲乙教案课程
	16：00-17：00	评审、总结

图 2—29　显示不相同的行高

2）拖拉选择待设置等高的各行（或者单元格），显示反白（见图 2—30）。

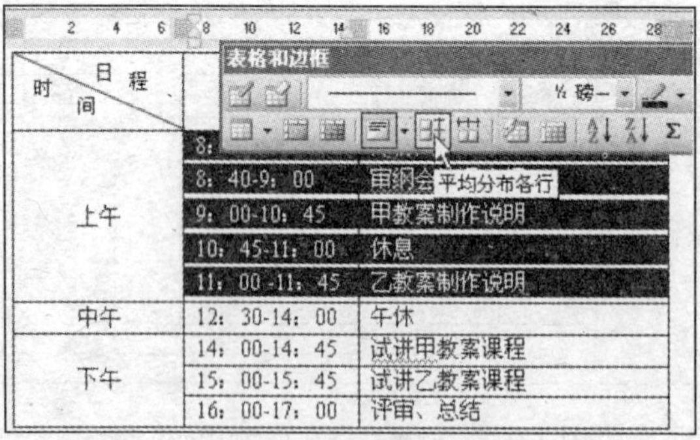

图 2—30　单击“平均分布各行”按钮

3) 单击"表格和边框"工具栏上的"平均分布各行"按钮,被选中单元格所在各行即可按等间距排列。

提示: 表格中各列等宽的操作方法相同,只是选择的对象为列。

2.1.3.4 为纵向跨页表格显示表头信息

针对纵向跨页的表格(或表格行大于 1 页),一般应设置表头跨页显示,避免下一页表格因没有表头而影响阅读。

示例: 建立一个包含 5 列信息(姓名、单位、联系电话、地址和邮编)的通信录表格。如果该表格的资料太多并超过了 1 个页面,则需要在第 2 页以后的表格中设置表头信息,以方便阅读(见图 2—31)。

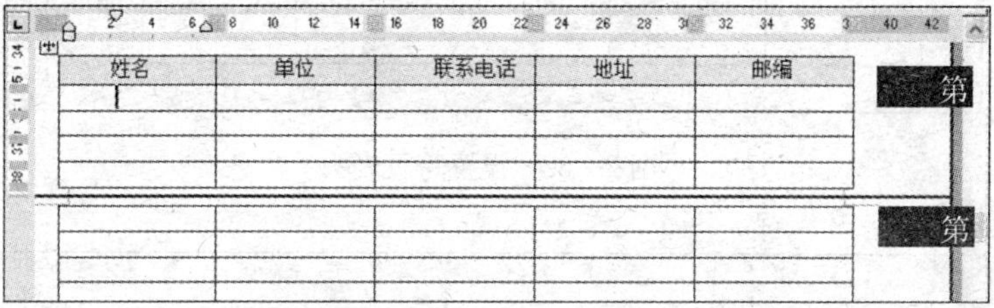

图 2—31 表格跨页后不显示上表头信息

为保证纵向跨页的表格,每页均可显示表头信息,同时又不需要重复性手工操作,则应当设置跨页表头(见图 2—32)。

具体操作步骤如下:

1) 创建一个新文档,用计算法建立一个 5 列 50 行结构的表格(方法从略)。

2) 按示例要求输入上表头 5 列的相关内容,可将表头行修饰为带灰色背景的格式(以突出显示)。

3) 移动鼠标光标至上表头行左侧(版边位置),光标变形为"右箭头"光标,单击后选中表头行,显示反白(见图 2—33)。

4) 单击"表格"菜单选择"标题行重复"命令,即可完成当前表格的跨页表头的设置。

5）返回页面后，利用滚动条翻转跨页表格至下一页（即第2页）时，即可显示跨页表头（见图2—32）。

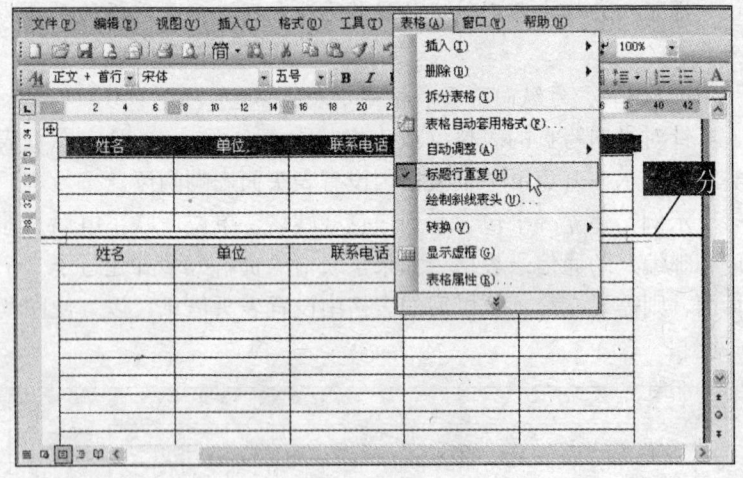

图2—32　设置跨页表头

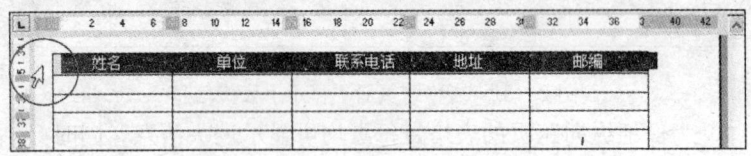

图2—33　选中表头行设置跨页表头

2.1.3.5　"表格属性"对话框的使用

通过"表格属性"对话框可以控制表格的一些排版要求、特殊间距等（见表2—2）。

单击"表格"菜单选择"表格属性"命令即可进入"表格属性"对话框的操作（见图2—34）。

此后，在"表格属性"对话框中可分别单击"表格""列""行"或"单元格"标签，切换到相应选项卡。

表 2—2　　　关于"表格属性"对话框的使用

设置对象	作　用
表格	控制表格的排版，如选择插行排列、绕排及绕排方式等
列	用于精确控制列宽值
行	用于精确控制行高值
单元格	用于控制单元格尺寸，以及文字与单元格的边距等

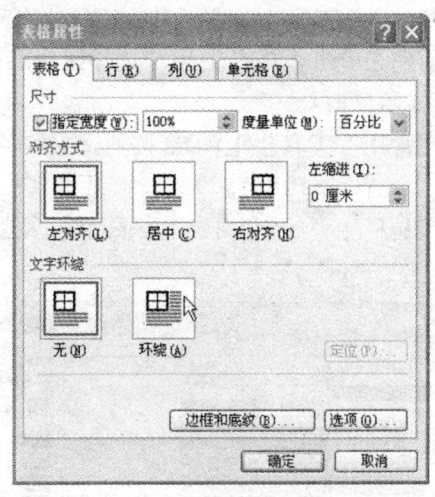

图 2—34　"表格属性"对话框

2.1.4　表格内容的修饰技巧

由于表格内容的修饰与页面文字修饰基本相同，所以，本节主要介绍与表格结构相关的修饰内容，包括表格框线和背景颜色等。

2.1.4.1　设置表格框线

示例：针对前面制作的会议日程表，设置双线格式外的框线（见图 2—35）。具体操作步骤如下：

日程 时间	时间	内容
上午	8:30—8:40	开场白
	8:40—9:00	审纲会情况介绍
	9:00—10:45	甲教案制作说明
	10:45—11:00	休息
	11:00—11:45	乙教案制作说明
中午	12:30—14:00	午休
下午	14:00—14:45	试讲甲教案课程
	15:00—15:45	试讲乙教案课程
	16:00—17:00	评审、总结

图 2—35 添加了双线格式外边框的修饰效果

1) 继续前例，单击表格左上角"选择整个表格"图标，选中整个表格（显示反白）。

2) 单击"常用"工具栏上的 按钮，显示"表格和边框"工具栏。

3) 单击工具栏中"线型"按钮，显示线型列表。选择"双线"格式（见图 2—36）。

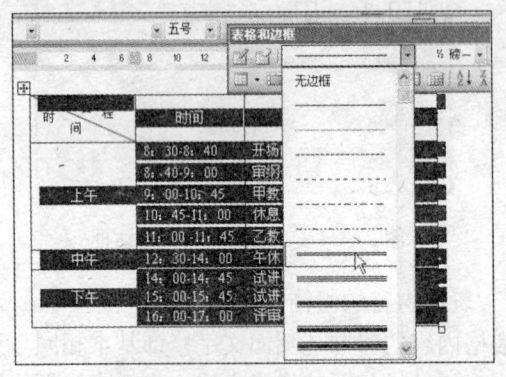

图 2—36 为表格设置外框线

4) 单击工具栏右侧的框线类型选择按钮，显示常用类型组（见图 2—37）。

5) 单击"外侧框线"按钮后，该表格将添加双线格式的框线（见图 2—35）。

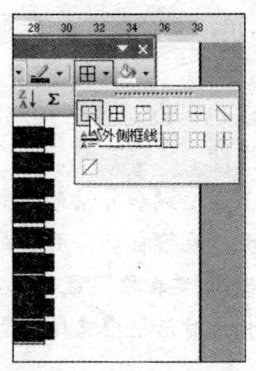

图 2—37 设置表格框线类型

2.1.4.2 填充单元格背景颜色

通过为表格添加背景颜色,可以突出显示表格结构的分区。在表格的修饰过程中,通常针对表头区填充颜色。

示例:为日程表上表头行设置淡蓝色底纹。操作步骤如下:

1)继续前例。移动鼠标光标至日程表上表头左侧(版边位置),显示右箭头光标后单击选择该行(显示反白)。

2)单击"表格和边框"工具栏中的"底纹颜色"按钮,显示调色板(见图 2—38)。

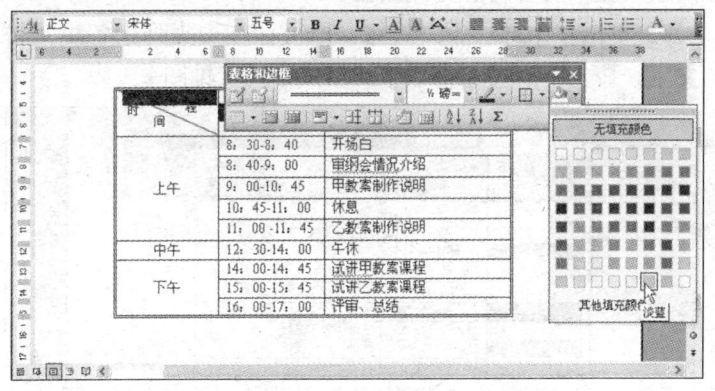

图 2—38 选择填充颜色

3)单击"淡蓝"色,返回表格页后,上表头各单元格将填充"淡蓝"色底纹。

此后,用同样方法也可以对表格其他结构区填充不同的颜色,以增强表格的可视性。

提示: 如果感觉上述框线和背景的修饰太麻烦,Word还提供了快速修饰功能,即"表格自动套用格式"功能。可以在选择表格区域的前提下,通过"表格"菜单选择"表格自动套用格式"命令,然后,在相应对话框中选择合适的类型,即可完成快速修饰。

2.1.4.3 表格内容的排列方式

通常情况下,表格内容在排列上有固定的规则。例如:上表头内容居中、左表头内容居左、数值则居右。还可以根据排版要求,选择不同的对齐方式,甚至控制文字的排列方向等。

示例: 将上述日程表的左表头内容设置为水平、垂直都居中,而且"上午"和"下午"文字为竖排格式。具体操作步骤如下:

1)继续前例。选择左表头列(显示反白)。

2)单击"表格和边框"工具栏上"对齐方式"按钮右侧选择按钮,显示各种对齐方式按钮。

3)单击"中部居中"按钮,即可让左表头列中各单元格内的文字,按上下和左右都居中的格式排列(见图2—39)。

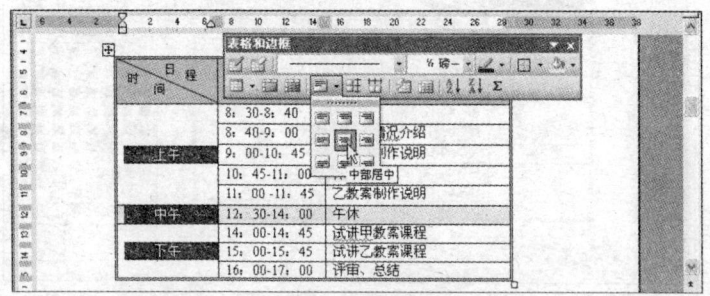

图2—39 设置单元格内容的排列方式

4）再移动鼠标至"上午"单元格左侧，显示 ➶ 光标后单击，该单元格被选中（显示反白）。然后按住 Ctrl 键，再单击选中"下午"单元格，也显示反白（见图 2—40）。

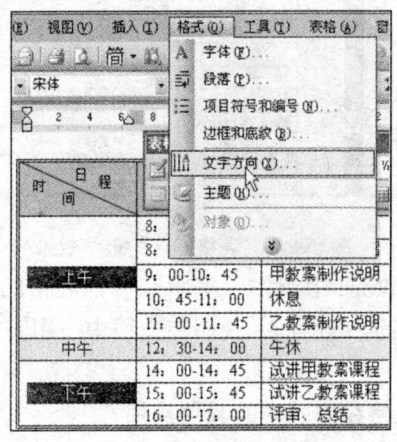

图 2—40　选择单元格中文字排列的方向

5）单击"格式"菜单选择"文字方向"命令，显示"文字方向"对话框（见图 2—41）。

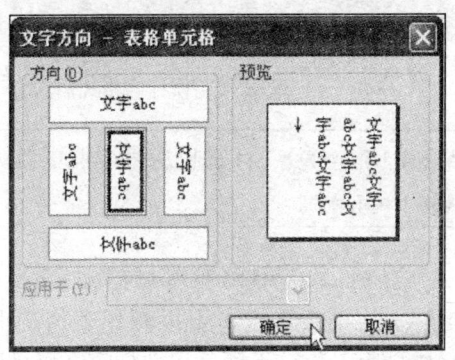

图 2—41　设置单元格中的文字排列方向

6）单击"方向"区的竖排项，再单击对话框中的"确定"按钮，返回表格页后，该单元格内的文字将按竖排居中格式显示

(见图 2—42)。

时间	日程	时间	内容
上午		8:30-8:40	开场白
		8:40-9:00	审纲会情况介绍
		9:00-10:45	甲教案制作说明
		10:45-11:00	休息
		11:00-11:45	乙教案制作说明
中午		12:30-14:00	午休
下午		14:00-14:45	试讲甲教案课程
		15:00-15:45	试讲乙教案课程
		16:00-17:00	评审、总结

图 2—42 表格修饰的最终效果

至此，在 Word 中制作、编辑和修饰表格的内容即告结束。下节将通过一个简单示例，说明在文稿中应用表格进行编排的技巧。

2.1.5 表格在排版中的其他应用

如果文稿中存在一种类似标语的排版内容（见图 2—43），按传统方法编辑将不易达到预期的效果（见图 2—44）。

图 2—43 在 Word 中制作标语格式的内容

图 2—44 传统编排不能满足特殊版式要求

针对此类特殊的排版需求，可以利用表格的框架功能，快速、有效地完成排版工作。下面就以此标语文稿排版为例，说明表格在控制页面排版中的应用。

处理上述标语类文稿编排的工作包括：

一是输入文字内容；二是将文字转换为表格；三是编辑表格

框架并修饰表格达到预期效果。下面分三个阶段完成：

• 输入文字内容，并转换为表格

具体操作步骤如下：

1）打开一个新文档。在第1行输入文字内容"某计算机职业学校"。

2）按空格键，再输入同行其他文字"计算机应用技能培训班"。

3）按 Enter 键，输入第2行文字"微软（中国）公司"（见图2—45）。

某计算机职业学校 计算机应用技能培训班
微软（中国）公司

图2—45 输入标语的两行文字

4）拖拉选中两段文字，显示反白（见图2—46）。

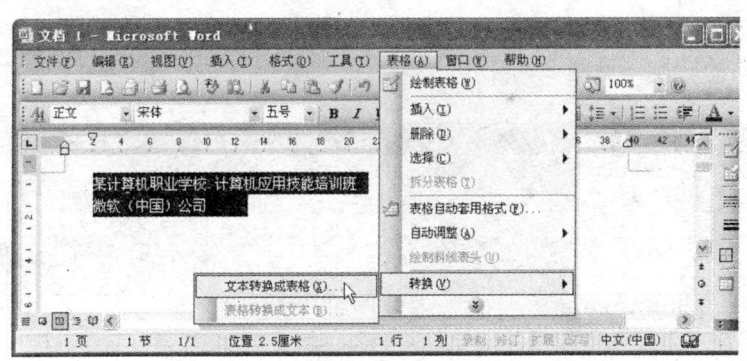

图2—46 将文本内容转换为表格格式

5）单击"表格"菜单选择"转换"命令，显示二级菜单。

6）单击"文本转换成表格"命令项，显示"将文字转换成表格"对话框（见图2—47）。

7）由于标语文字内容中第一行存在两组内容，且使用空格加以隔离。所以在"将文字转换成表格"对话框中，选择"文字

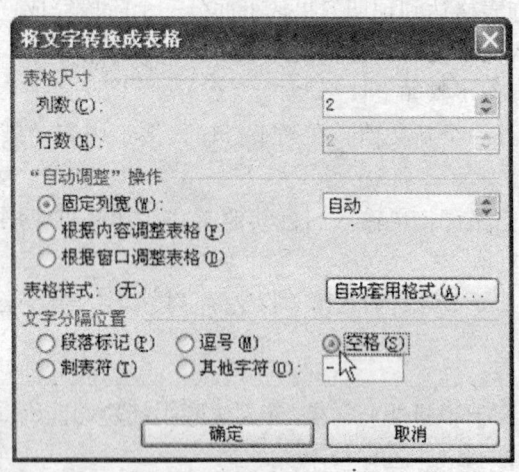

图 2—47 选择转换选项

分隔位置"区的"空格"单选按钮。

8)单击对话框中的"确定"按钮,即可完成文本内容向表格的转换(见图 2—48)。

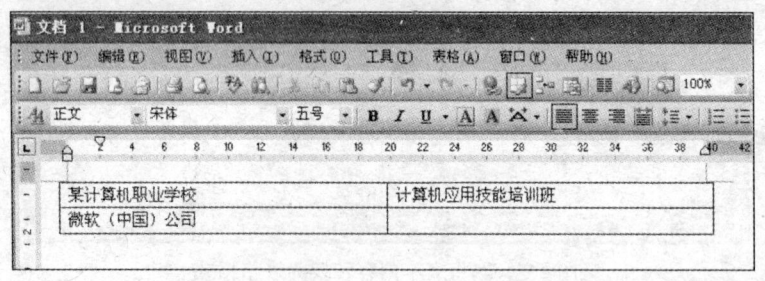

图 2—48 将标语文字转换为表格格式

• 编辑表格框架组织文字排列形式

通过合并上表中第 2 列两个单元格,即可显示右侧一行内容的排版,具体操作步骤如下:

1)拖拉选择表格第 2 列纵向两个单元格,显示反白(见图 2—49)。

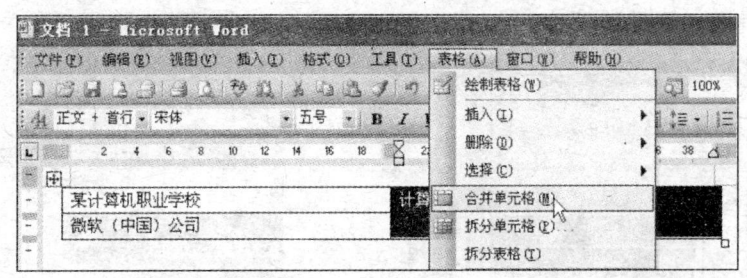

图 2—49 选择待合并的单元格

2)单击"表格"菜单选择"合并单元格"命令,即可使第 2 列文字独占一个单元格(见图 2—50)。

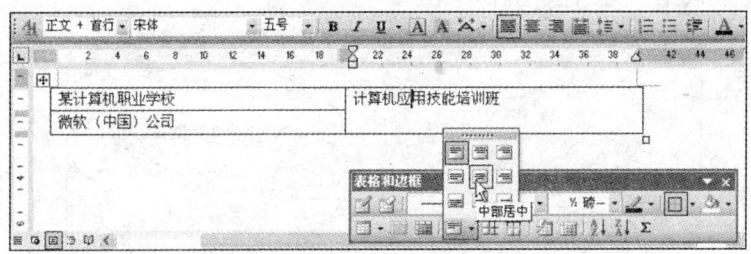

图 2—50 调整排列方式

3)单击"表格和边框"工具栏的对齐方式按钮右侧的选择按钮,显示对齐方式,单击"中部居中"按钮即可。

• 通过修饰达到预期格式要求

完成标语类文稿的版式编辑后,通过修饰即可达到预期效果,包括改变字体、字号颜色,以及格线和背景的颜色等。具体操作步骤如下:

1)继续上例。选择第 1 列,显示反白,设置字体(如"华文新魏"),改变字号(如"三号"),且设置文字颜色为"黄色"。

2)选择第 2 列,显示反白,设置字体(如"隶书"),字号为"一号"文字颜色为"黄色"。

3）单击表格左上角的"选择整个表格"图标⊞，选中整个表格（见图2—51）。

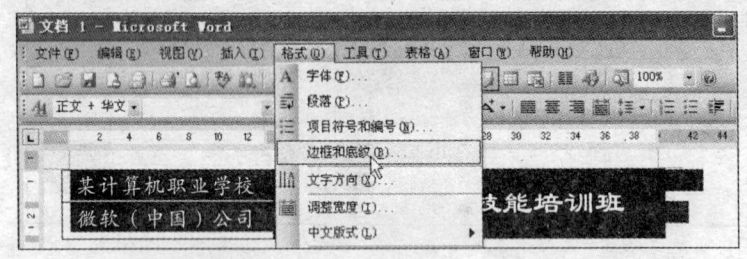

图2—51 修饰表格结构

4）单击"格式"菜单选择"边框和底纹"命令，显示"边框和底纹"对话框（见图2—52）。

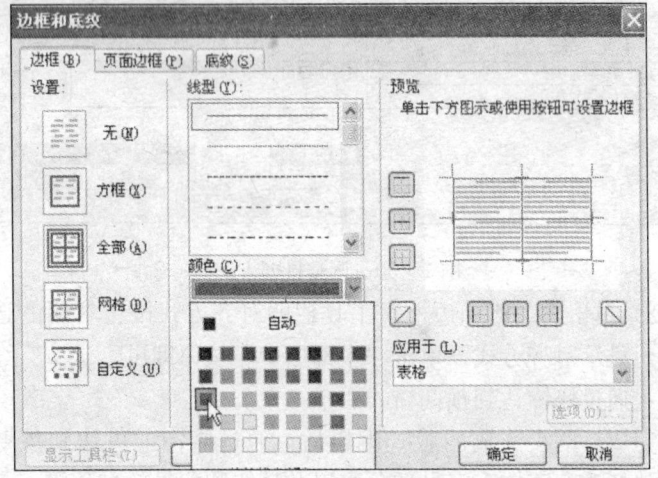

图2—52 设置表格格线的颜色

5）在"边框"选项卡中，单击"颜色"区右侧选择按钮，显示调色板。选择"红色"后，即可将所有格线修饰为红色。

6）单击"底纹"标签到"底纹"选项卡，在"填充"区选择"红色",单击对话框中的"确定"按钮即可(见图2—53)。

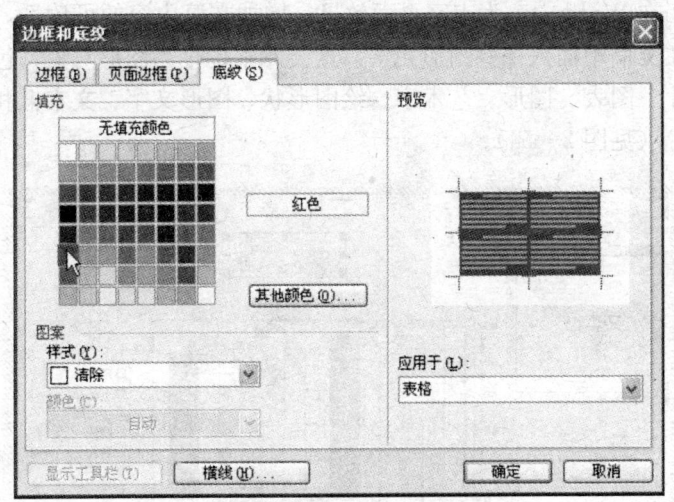

图2—53 在"填充"选择红色

此后,即完成了用表格排版的标语内容(见图3—43)。

2.2 图形在行文过程中的应用

本节通过一个文字、表格、图形综合应用的示例(如邀请函),展开图形功能的介绍,包括图形在行文过程中的应用环境和条件,图形的添加、编辑、修饰和排版等。

由于本节内容涉及文字、表格、图形的综合应用,所以也是对Word应用的一个总结。下面先简单介绍一些有关"文本框"的知识,再按行文的基本流程建立邀请函文档,包括确定用纸规格、输入基本信息、编辑文字、修饰文稿、整体排版和保存打印,其中涉及了添加图形、表格等功能。

2.2.1 图形对象的基础知识

在 Word 中，为丰富页面效果，增加文稿内容的可读性，常常在文稿中插入一些图形元素，这类元素统称为图形对象，包括图片、图表、图形、艺术字、绘图形状、图形文字、文本框和画布等（见图 2—54）。

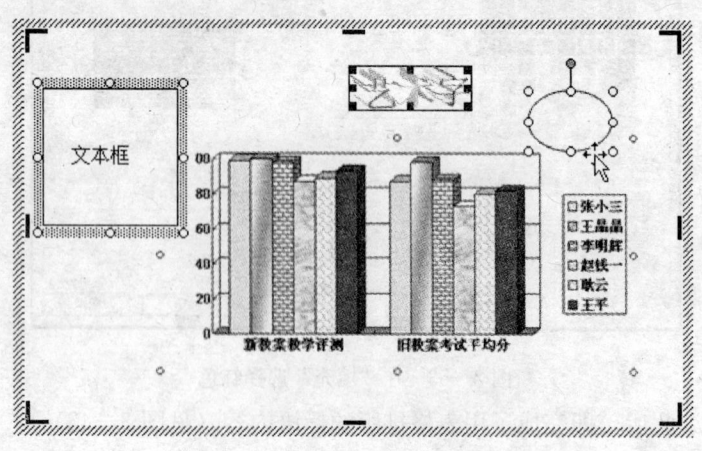

图 2—54 不同类型的图形对象

这些图形对象的重要特点是，可以根据版面要求，自由、灵活地参与排版操作，如图形对象被文字环绕、浮于文字上方或下方等。

从图 2—54 可以看出，图形对象（不论什么类型）在被选中时显示一个矩形框，并在框的四周有 8 个尺寸控制点（一般为 8 个），这些尺寸控制点有空心和实心两种状态。

"文本框"是一个图形对象，在"文本框"中可以输入文字，也可以插入表格和嵌入式图片、图形对象。"文本框"可以将框内各个元素组合成一体，形成统一的"文本框"对象，参与编辑和排版。

"画布"比"文本框"更灵活，其中可以添加各类图形对象，并处理图形对象的编排。而且,其中的图形对象可以随画布整体参与排版。

2.2.2 设计邀请函内容

针对邀请函这类文稿,通常由两部分内容组成,一是页面的基本文字内容;二是用于丰富页面效果的图形内容,包括图形文字、表格、图表、图形、图片等(见图2—55)。

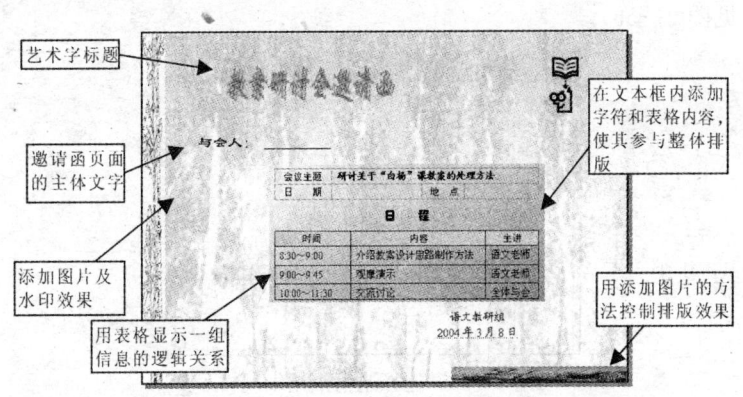

图2—55 制作图文混排的邀请函

为保证邀请函既有清楚的内容,也有活泼的版式效果,故设计过程包括三部分:

一是邀请函的主体内容(标题、正文和落款文字)、位置和格式。

二是在增强邀请函的版式效果方面,设计了一系列图形(剪贴画、图片、文本框等),通过这些图形突出主题。图形的运用方面,包括图形编辑、图层处理、水印效果、边框修饰等。

三是插入灵活编排的"文本框",形成文中有图,图中有表,甚至表中加图的混合编排效果。

下面分阶段处理各部分,最终完成邀请函的制作。

2.2.3 设置邀请函纸张规格并输入基本信息

示例:假设邀请函的用纸规格为32开、横向,且纸张的4

个页边距(上、下、左、右)均为"1厘米",并输入邀请函基本内容(如与会者、落款等)。具体操作步骤如下:

1)打开新文档,单击"文件"菜单选择"页面设置"命令,显示相应对话框。

2)单击"纸张"标签切换到"纸张"选项卡。

3)单击"纸张大小"框右侧选择按钮,显示纸张大小列表(见图2—56)。

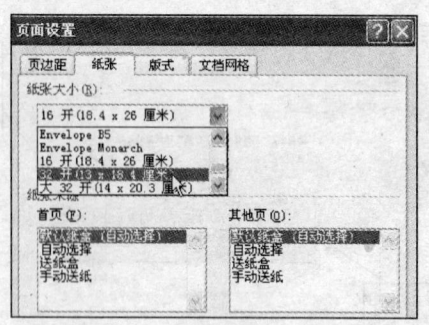

图2—56 选择邀请函用纸规格

4)选择"32开(13×18.4厘米)"项。单击"页边距"标签切换到"页边距"选项卡。

5)单击"横向"图标,再分别设置上、下、左、右页边距为"1厘米"(见图2—57)。

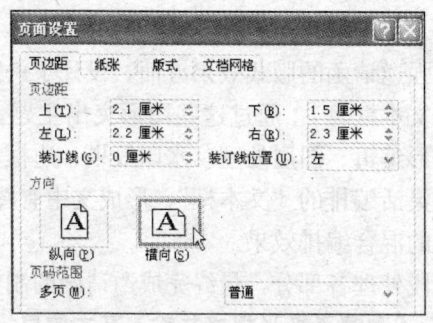

图2—57 设置邀请函页面规格

6）单击"页面设置"对话框中的"确定"按钮，即可完成纸张规格设置，返回页面视图。

7）输入邀请函的基本信息。在第 2 行输入抬头文字"与会人：＿＿＿＿＿"，以及最后的落款内容（单位名称和时间）。

8）完成上述基本信息处理后，最好保存文档（注意文档的命名和保存位置，可参考前面所学内容及要求）。

2.2.4 为文稿添加图形对象

在 Word 中可以添加多种图形对象，包括图片、剪贴画、艺术字（图形文字）、画布、文本框以及绘制图形等。下面介绍几个常用图形对象的添加方法（其他图形对象的添加方法相同）。

2.2.4.1 在页面中添加艺术字

示例：在邀请函页面中添加"艺术字"样式的标题文字。具体操作步骤如下：

1）继续前例（在已经完成基本信息输入的邀请函页中），单击"常用"工具栏上的"绘图"按钮，窗口底部显示"绘图"工具栏（见图 2—58）。

图 2—58 通过"绘图"工具栏选择"艺术字"样式

2）单击"绘图"工具栏上的"插入艺术字"按钮，显示

"艺术字库"对话框(见图2—59)。

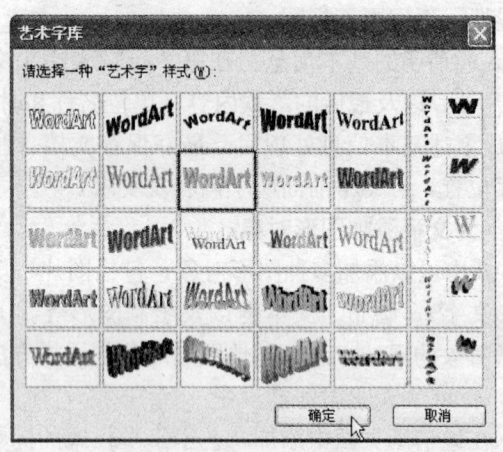

图2—59 选择艺术字样式

3)通过"请选择一种'艺术字'样式"区选择一种艺术字类型(显示框线),单击对话框中的"确定"按钮,显示"编辑'艺术字'文字"对话框。

4)在"请在此键入您自己的内容"区内,直接输入邀请函的标题文字"会议邀请函",即可覆盖提示文字(见图2—60)。

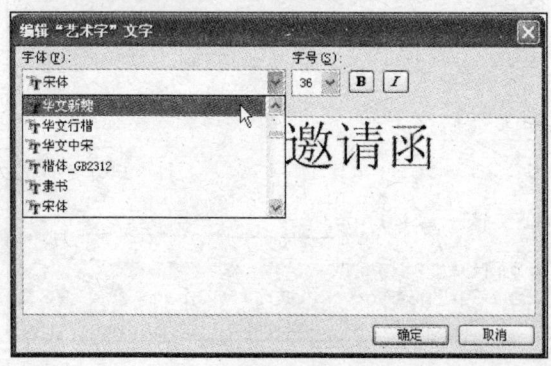

图2—60 输入艺术字内容并选择字体、字号

5)如果希望对标题文字加以修饰,可通过"字体"框列表选择合适的字体(本例为"华文新魏")。

6)单击"编辑'艺术字'文字"对话框中的"确定"按钮,返回邀请函页,即可完成艺术字的添加(见图2—61)。

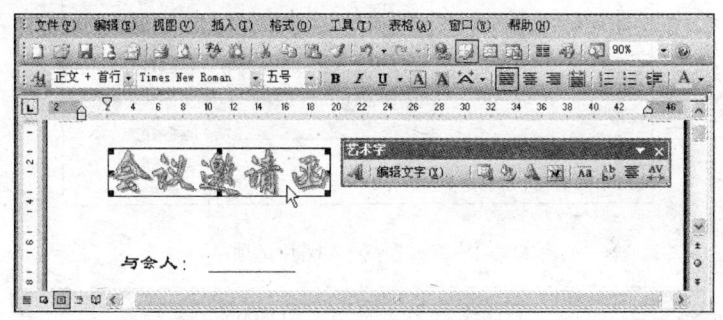

图2—61 添加了艺术字标题

2.2.4.2 在文稿中添加图片或剪贴画

为保证页面添加的图片或剪贴画与内容相匹配,通常需要按关键词进行搜索。

示例:继续前例,添加一幅剪贴画。

1)继续前例,单击"插入"菜单选择"图片"命令,显示二级菜单(见图2—62),选择"剪贴画"命令,窗口右侧显示"剪贴画"任务窗格(见图2—63)。

2)单击"搜索"按钮,将本机搜索的剪贴画显示于任务窗格下方。通过滚动条查看并选择合适的剪贴画。

3)选中后单击,即可添加到当前页中。

提示:如果需要插入图片文件,可在上述二级菜单中选择"来自文件"命令,屏幕显示相应对话框。然后,按图片文件保存的位置选择文件夹名称。双击文件名称即可添加。

2.2.4.3 在页面中添加画布及文本框

画布的特点在于,它可以将一组相关的图形对象组织在一个画布中,有利于整体操作(包括移动、复制或删除)。画布中可

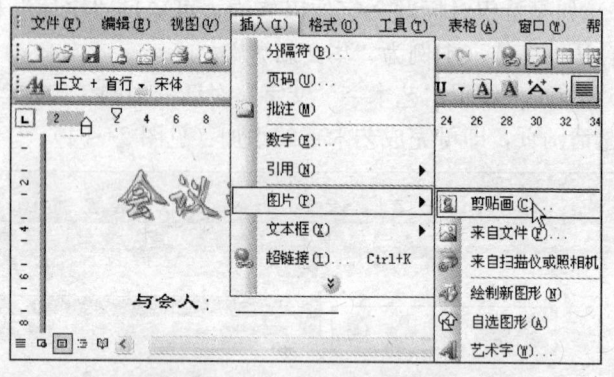

图 2—62 插入图片选项

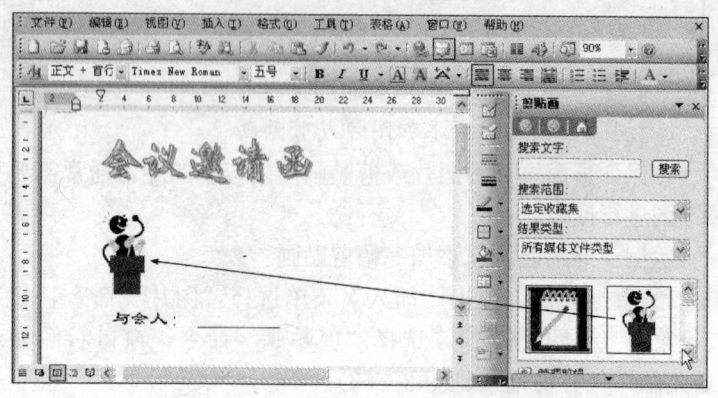

图 2—63 通过"剪贴画"任务窗格选择待插入剪贴画

以添加除嵌入式的所有图形对象,如图片、绘制图形等。文本框内可添加文字、表格或嵌入式图形等对象,以此丰富页面的表现力。

示例:本节针对邀请函内容设置一个包含表格内容的文本框,具体操作步骤如下:

1)继续前例,单击"绘图"工具栏右侧的"文本框"按钮,页面显示虚线画布框(见图 2—64)。同时,光标变为十字形,屏幕上增加了名为"绘图画布"的工具栏。

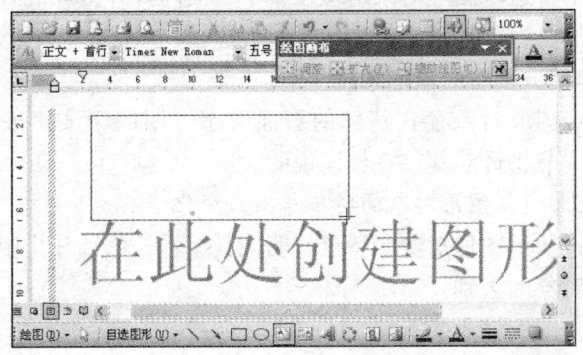

图2—64 在页面上添加画布

2）移动鼠标光标至画布合适的位置（如左上角），按住鼠标左键向右下角拖拉同时显示矩形框线。

3）拖至合适的大小后，松开鼠标左键，即可以在画布中生成一个文本框，且"I"形光标显示于文本框内（见图2—65）。

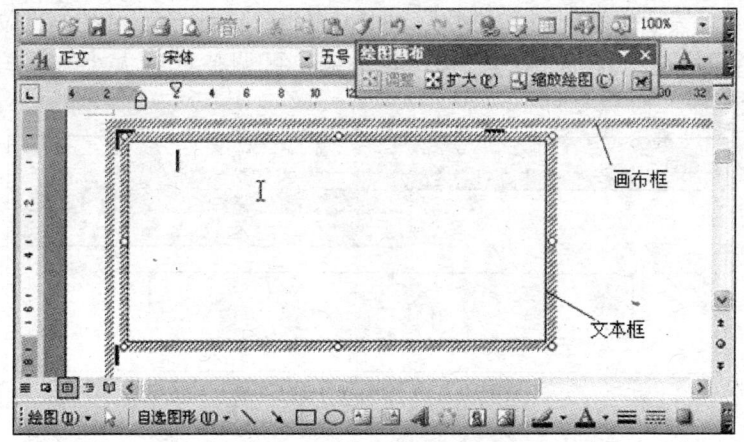

图2—65 在画布中添加文本框

完成上述三类图形对象的添加后，文档的页面中增加了多个图形对象。其他图形对象的添加方法基本相同。

为了将这些图形对象组织在一个页面内,并形成混合排版效果,则需要进行编辑、修饰和排版处理。

2.2.5 图形对象的编排

由于图形对象存在特殊的页面形态(不同于文字或表格),所以,本节将针对其特点加以说明。

2.2.5.1 图形对象的特征与版式变化

通过认识图形对象的特点,明确其编辑、修饰和排版过程中与文字对象的区别。

(1) 图形对象的特征

通常情况下,图形对象是以矩形"框"的形式参与页面排版的。所以,图形对象可笼统地称为"框"对象。

"框"对象被选中时的屏幕特征是"框"的四边显示黑色边框线,且框线上(四周)显示8个尺寸控制点。有些图形对象只显示尺寸控制点,不显示框线。

鼠标在框线、尺寸控制点间移动时,其光标形态将发生变化,表示出相应的操作性质。例如,鼠标光标移至尺寸控制点位置时,显示双向箭头光标,表示拖拉可调整框的大小(见图2—66)。

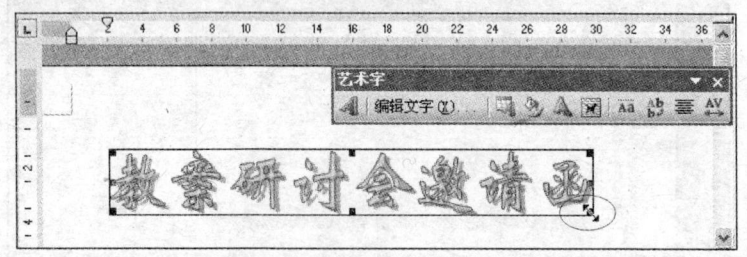

图2—66 选中图形对象后的状态

(2) 感应式工具栏的特征

一旦"框"对象处于被选中状态,默认情况下自动增加一个工具栏。由于该工具栏随图表对象出现,而且根据图形对象的类型不同,显示的工具栏名称也不同,所以,称为"感应式"工具栏。

例如:当页面中添加了艺术字时,则感应式工具栏为"艺术字"工具栏;如果添加的对象为图片,则显示"图片"工具栏。

提示:通常在图形对象被选中的情况下,不要手工关闭相应的工具。因为与之相关的操作工具都在其中。

(3)版式变化

"框"对象的排版通常存在两种形态:

一是排列在页面插入点后按文本方式参与排版的形态(称为"嵌入式")。

二是可随意在页面中任意位置参与排版(包括环绕文字、浮在文字上方等)。

前者严格保证了图形与文本的跟随关系(适合图文关联类排版需求);后者可以灵活地移动图形对象混合编排于页面的任意位置(适合处理活泼的版面效果)。

图形对象的上述两种排版形态,可以通过其尺寸控制点的格式加以区别。"嵌入式"排版状态,"框"对象的尺寸控制点显示为"实心"(黑色)状态;其他形态的"框"对象,尺寸控制点均显示为"空心"状态(见图2—67)。

图2—67 "空心"尺寸控制点的图框为浮动状态,可以参与灵活排版

下面以艺术字图形框为例,说明从"嵌入式"转换为"浮动式"的方法。具体操作步骤如下:

1)用鼠标右键单击待转换版式的"艺术字"图形框,显示图框的定位标志和快捷菜单(见图2—68)。

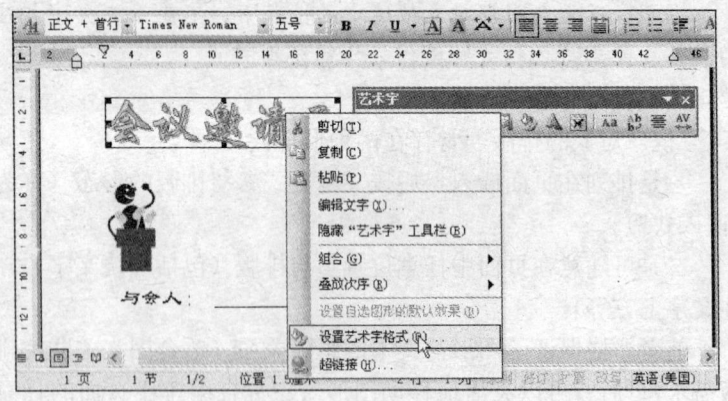

图2—68 设置艺术字格式

2)单击"设置艺术字格式"命令,显示"设置艺术字格式"对话框(见图2—69)。

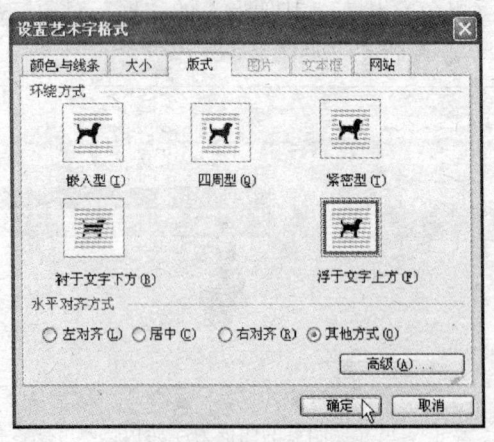

图2—69 选择图形对象的排版方式

3) 单击对话框中的"版式"标签切换到"版式"选项卡。

4) 单击"浮于文字上方"项（显示框线）。

5) 单击对话框中的"确定"按钮，即可完成转换设置。

提示：在"版式"设置页中，除"嵌入型"用于设置尾随文本的格式外，其他版式均为浮动式效果。

2.2.5.2　图形对象的编辑

图形对象的编辑操作通常包括改变大小和位置，旋转和翻转等。下面分别介绍。

(1) 改变图形对象的大小

通常情况下，插入图形对象后，其大小不能符合排版要求。所以，改变图形大小就成为一项常规编辑操作。下面介绍3种常用方法。

• 通过对话框精确控制图形对象的大小

此方法适合对尺寸要求相对精确的对象，可以借助于对话框将具体参数逐项设置。

示例：针对邀请函标题艺术字图形，要求字高为1厘米（宽度自动匹配）。具体操作步骤如下：

1) 继续前例，用鼠标右键单击邀请函艺术字框，显示快捷菜单。

2) 在"设置艺术字格式"对话框中，单击"大小"标签切换到"大小"选项卡。

3) 单击"锁定纵横比"复选框，显示确认标记"√"。将"高度"框内的值设置为"1厘米"（见图2—70）。

4) 单击对话框中任意位置后，"宽度"框内自动按比例调整为"8厘米"（见图2—71）。

5) 单击对话框中的"确定"按钮，即可完成对艺术字标题框大小的精确值设置。返回页面后，该图形对象将按精确值显示其大小。

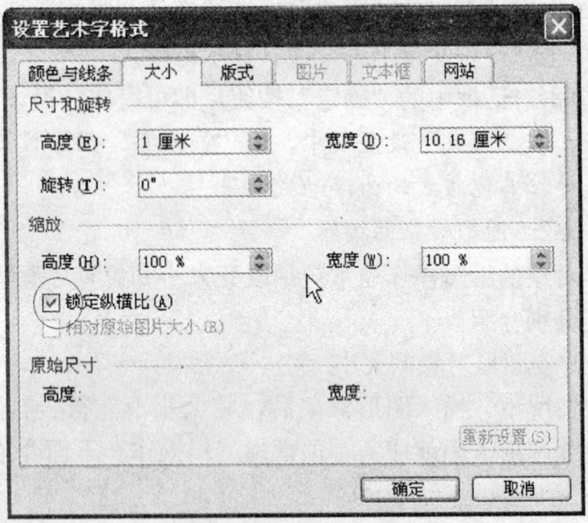

图 2—70 通过对话框精确设置图片的尺寸

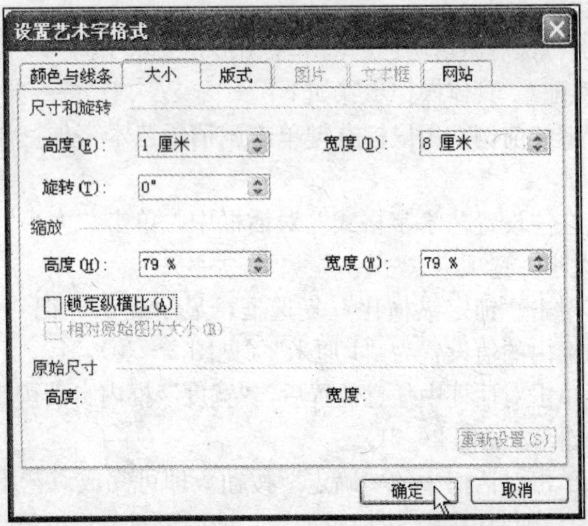

图 2—71 精确控制图形对象的尺寸

提示：如果希望在改变图形大小时按比例伸缩，则应在"设置图片格式"对话框"大小"选项卡中，设置"锁定纵横比"确认状态，显示"√"。

• 用裁剪方式控制图片的大小

此方法适合在插入图片时，只选取部分图片内容，所以需要裁剪。

示例：以上例插入的图片为例，剪裁其中的无用内容。具体操作步骤如下：

1）继续上例，单击选择待操作的图片，显示框线及尺寸控制点，同时显示"图片"工具栏（见图 2—72）。

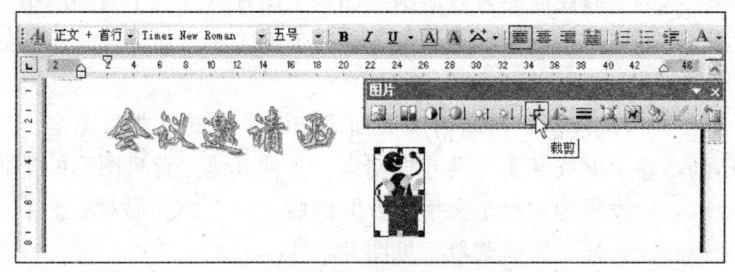

图 2—72　选中待剪裁的图片

2）单击"图片"工具栏中部的"裁剪"按钮，移动鼠标光标至页面中，光标变形为 ✛。

3）将此光标移至图片底部（中间）的尺寸控制点位置，按住鼠标左键后光标变形为 ┳，此时向上拖拉即可裁剪当前图片的底部内容（见图 2—73）。

4）按此方法，分别移动鼠标光标至图片的其他尺寸控制点位置，可继续裁剪图片。

5）完成裁剪后，单击图片框外部任意位置即可。鼠标光标形态恢复默认状态。

提示：上述裁剪工具，只能针对图形对象的边沿进行裁剪，并通过裁剪改变图形大小。如果希望进行复杂裁剪，可选择相应专业软件。

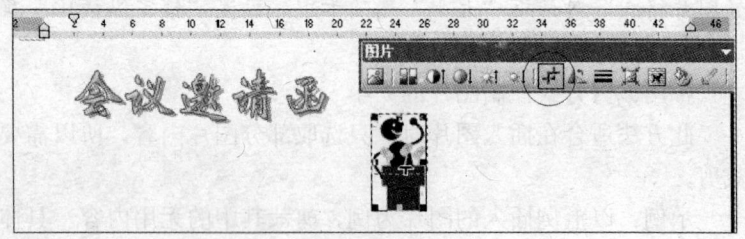

图 2—73 用裁剪工具改变图片的大小

• 用拖拉图框的方式改变图形对象的大小

示例：假设需要为邀请函添加背景图片（选自于剪贴画中），可以通过拖拉图框的方式调整图形对象的大小。具体操作步骤如下：

1）继续前例，在邀请函页面添加一个新的（背景图案）剪贴画，显示框线和实心尺寸控制点。为使其满足背景图形的排版要求，应设置为"衬于文字下方"的版式。在该图形对象上单击鼠标右键，显示快捷菜单（见图 2—74）。

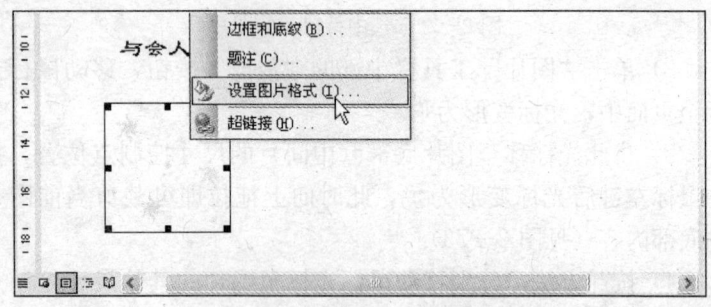

图 2—74 调整图片对象的格式

2）单击"图片"工具栏上的"文字环绕"按钮，显示选择列表（见图 2—75）。

3）单击"衬于文字下方"命令项后图片显示空心尺寸控制点。

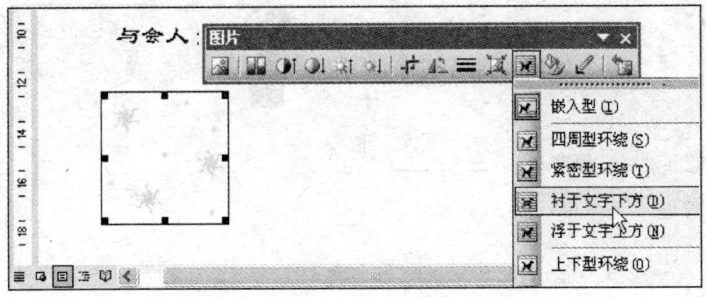

图 2—75　选择图片的排版方式

4）移动鼠标光标至该图片的任意尺寸控制点位置（如右上角），显示双向箭头光标↗（见图 2—76）。

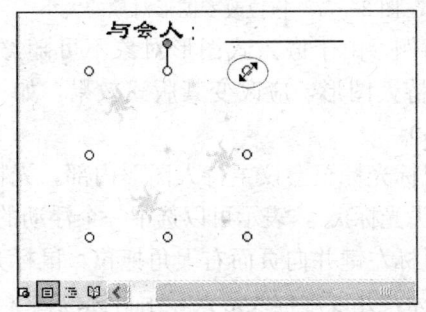

图 2—76　移动鼠标光标至尺寸控制点

5）按住鼠标左键向左上方或右下方拖拉，可以改变图片的大小（见图 2—77）。

上面介绍了 3 种改变图形对象大小的方法。实际操作过程中，可以根据具体情况选择处理。

（2）调整图形对象的位置

此功能用于改变图形对象在页面中的位置，常与调整图形对象的大小结合使用。

示例：将添加的会议主持人图形移到邀请函右上角位置。具体操作步骤如下：

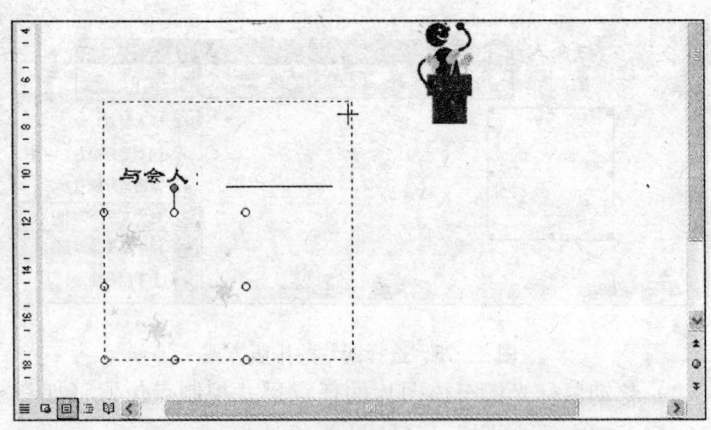

图 2—77 拖拉改变图形对象的大小

1)继续前例。由于嵌入式图形对象不可随意移动,所以,要移动会议主持人图形,应改变其版式效果,如"浮于文字上方"(操作从略)。

2)移动鼠标光标至会议主持人图形内部,光标变形为带四向箭头的左箭头光标,表示可以选中一个浮动的图形对象。

3)按住鼠标左键并向页面右上角拖拉,鼠标光标变形为四向十字箭头光标,并以虚框线形式显示目标位置(见图 2—78)。

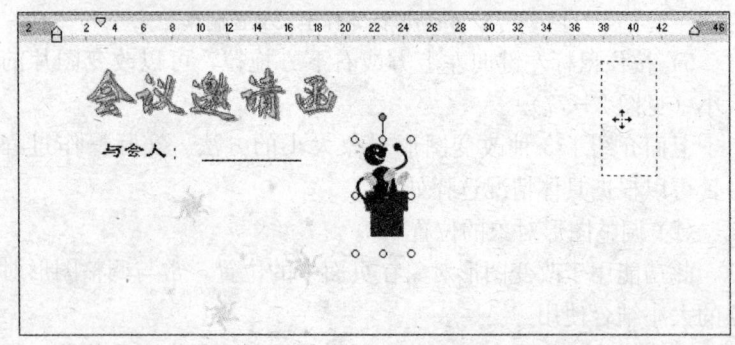

图 2—78 用拖拉方法移动图形对象至页面中的指定位置

(3) 图形对象的"旋转或翻转"

此功能用于图形对象的旋转,包括水平方向、垂直方向和自由旋转等。

示例:翻转会议主持人图形(如"水平"),使之配合页面的整体排版。具体操作步骤如下:

1)继续前例,单击选中"会议主持人"图形,显示空心尺寸控制点。

2)单击窗口下方的"绘图"按钮,显示菜单列表,单击"旋转或翻转"命令,显示二级菜单(见图2—79)。

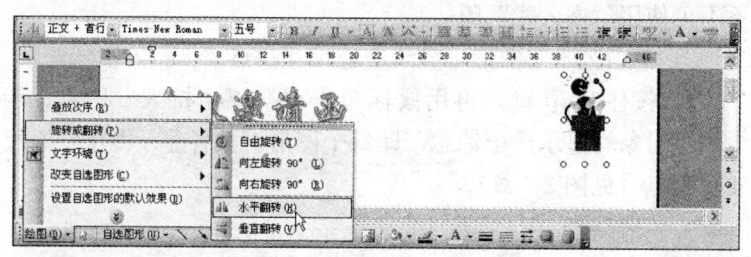

图2—79 设置图形对象的翻转

3)单击"水平翻转"命令后,图形对象形成镜像效果(见图2—80)。

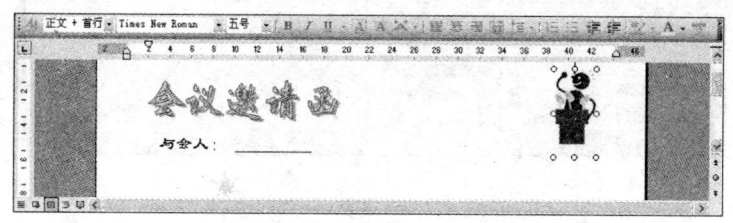

图2—80 图形水平翻转后的效果

4)如果需要随意改变图形位置,可以使用图形对象被选中时的绿色"旋转"控制点操作。

2.2.5.3 多个图形对象的编排处理

如果在同一页面中添加了多个图形对象（即"框"）后，排版过程就存在一些具体要求。例如，多图形对象的排列对齐和分布、图层的叠放、图形的组合与拆分等。下面介绍几种常用处理方法。

(1) 将多个图形对象按要求对齐排列

示例：针对邀请函页面中两个图形对象（标题艺术字和会议主持人），要求处理为顶端对齐的排版要求。具体操作步骤如下：

1) 继续上例，选择两个待处理的图形对象（条件是图形对象不可使用"嵌入式"版式）。

2) 单击艺术字图形，显示空心尺寸控点。

3) 按住Shift键，再用鼠标单击"会议主持人"图形，两个图形对象均显示选中标志，即每个图形对象各显示8个空心尺寸控制点（见图2—81）。

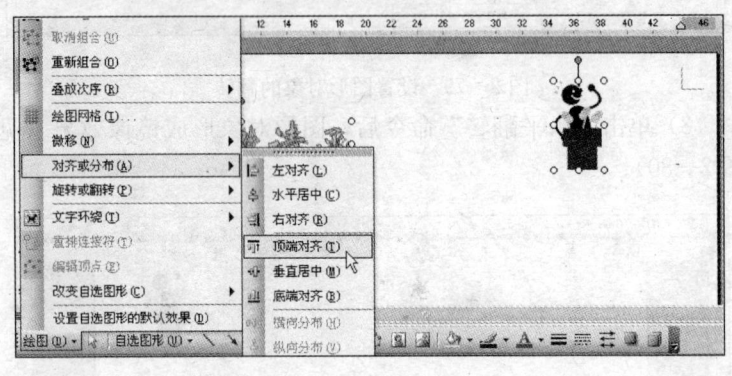

图2—81 选择多个图形对象

4) 单击"绘图"工具栏左侧的"绘图"按钮，显示菜单，单击"对齐或分布"命令，显示二级菜单。

5) 单击"顶端对齐"命令，两个图形将按顶端对齐方式排列（见图2—82）。

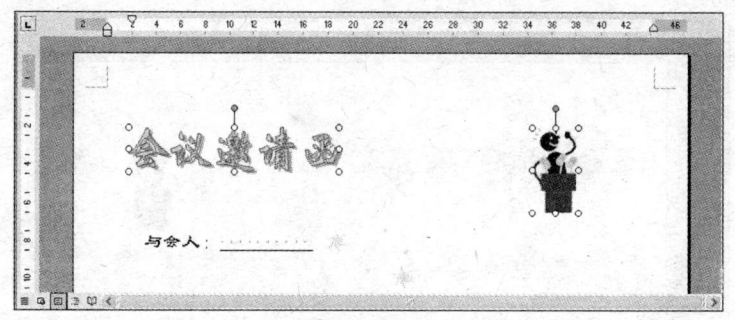

图 2—82 两个图形按顶端对齐方式排列

提示：通过上述"对齐或分布"子菜单，还可处理多图框的不同对齐或分布方式。

(2) 调整图形对象的层次关系

为活泼邀请函页面效果，添加一个背景图片（取自于系统剪贴画），再通过设置其大小和位置的方法，将其充满邀请函页面，形成背景图案，将其他文字内容浮于上面。具体操作步骤如下：

1) 继续前例。移动鼠标光标至图片内部，光标变形为带四向箭头的左箭头光标，表示可以选中一个浮动的图形对象。

2) 按住鼠标左键并向页面左上角拖拉，鼠标光标变形为四向十字箭头光标，并以虚框线形式显示目标位置（见图 2—83）。

3) 当虚线图形框的左上角与页面左上角重合时，松开鼠标左键，即可完成图片对象在页面上的移动操作。

4) 移动鼠标光标至图形对象的尺寸控制点，拖拉改变其大小，将其充满整个页面。

5) 如果该图片使用"浮于文字上方"的版式，则充满邀请函页面后，其他内容（包括文字和图形）将被覆盖（见图 2—84）。

提示：在选中图框的前提下，还可以用小键盘上的方向键（上、下、左、右）进行框的位置调整。如果希望微调，则应按住 Ctrl 键后，再单击方向键。

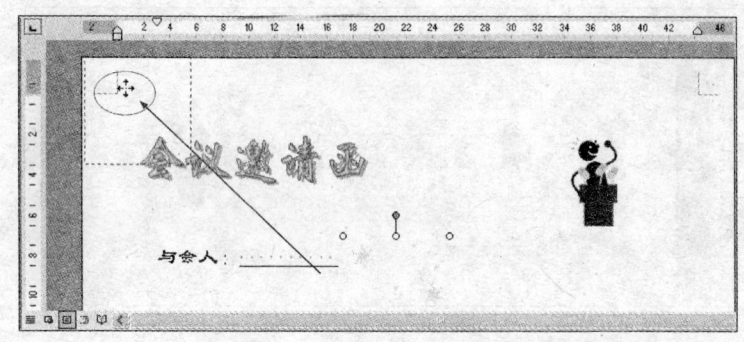

图 2—83 用拖拉方法移动图形对象在页面中的位置

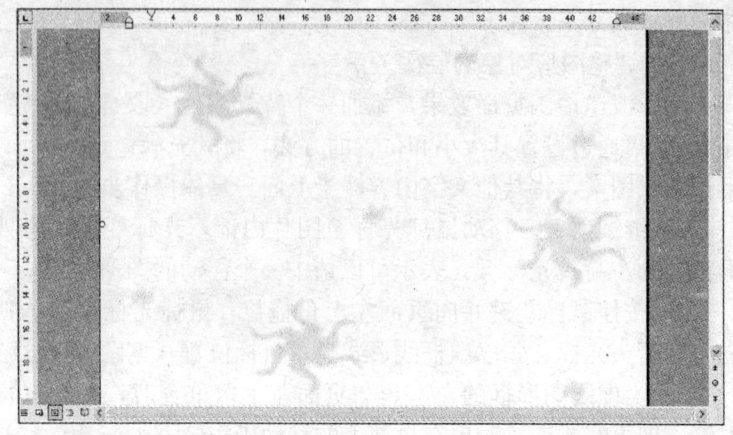

图 2—84 用改变大小和位置的方法调整图形对象

为控制多图形对象的层叠关系,将其他文字和图形显示其上。可继续操作如下:

1) 单击选中新覆盖上的背景图片,显示 8 个空心尺寸控制点。

2) 单击"绘图"工具栏左侧的"绘图"按钮,显示菜单。单击"叠放次序"命令,显示二级菜单(见图 2—85)。

3) 单击"衬于文字下方"命令,即可显示其他文字和图形。

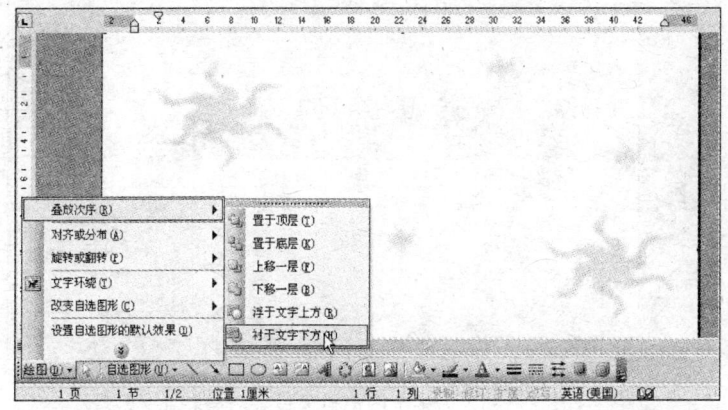

图 2—85 设置多图层位置

(3) 将多个图框组合定位

多图形对象的排版过程容易产生图形之间的错位现象。最好的处理方法就是将一组图形加以组合。

示例:针对前例,将相关图形加以组合,避免其他编辑操作时改变其相对位置。具体操作步骤如下:

1) 继续前例。按住 Shift 键后,分别单击 3 个图形对象(艺术字、背景和主持人剪贴画),使每个对象上均显示 8 个尺寸控制点。

2) 在其中一个图形对象上单击鼠标右键,显示快捷菜单(见图 2—86)。

3) 单击"组合"命令显示二级菜单,单击"组合"项后,即可将 3 个图形组合成 1 个图形,即只显示一组尺寸控制点。

此后,如果移动该组合对象时,3 个图形将一起移动(并保持它们之间的相对位置);如果改变其大小,则 3 个对象同时按比例调整。

提示:多个图形组合的撤消,可以在组合图形上单击鼠标右键,显示快捷菜单,单击"取消组合"命令即可。

图 2—86 为多个图形对象设置组合状态

2.2.6 图形对象的修饰

图形对象的修饰主要包括：背景、框线、水印、明亮度、对比度等。

2.2.6.1 将图片处理成水印效果

上述邀请函文档中，如果背景图片颜色太重将影响内容阅读。为此，常用的手段就是将图片设置为水印效果，以隐含的形式显示于页面文字下方。

示例：将邀请函添加的背景图片设置为水印效果（将上例设置的组合取消后，再进行本节操作）。具体操作步骤如下：

1) 继续前例，单击页面背景图片使其显示框定位标志及"图片"工具栏（见图 2—87）。

2) 单击"图片"工具栏的"颜色"按钮，显示菜单列表。

3) 单击"冲蚀"命令项。返回页面后，图片显示为水印效果（见图 2—88）。

提示：如果希望调整图片为"灰度"或"黑白"模式，则可以通过"图片"工具栏的"颜色"列表，选择相应选项。如果希望恢复图片本色，单击"自动"按钮即可。

如果设置水印后的效果不满意，可以单击"图片"工具栏的

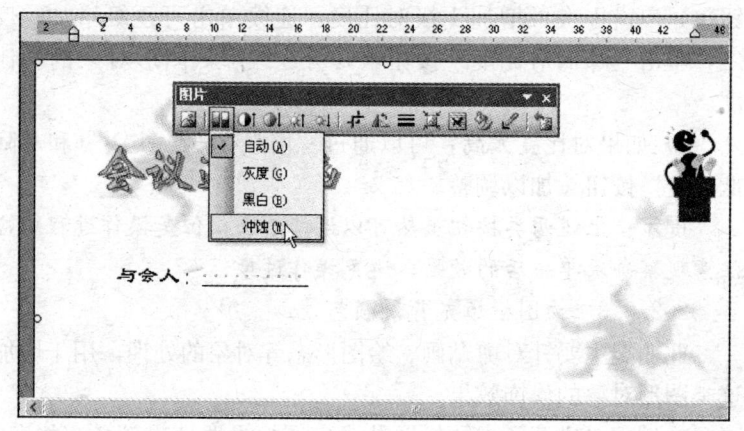

图 2—87 显示"图片"工具栏

图 2—88 将背景图片设置为水印效果

"明亮度"和"对比度"两组按钮进行微调。

2.2.6.2 调整图片的对比度和明亮度

示例：针对上述设置的水印效果背景图片，通过调整对比度和明亮度达到满意的修饰效果。具体操作步骤如下：

1）继续前例。选中背景图片。

2）移动鼠标光标至"图片"工具栏中的"增加对比度"按

钮 ,单击 1 次可增加 1 级对比度。连续单击可逐级增加。反之,单击"降低对比度"按钮 ,可逐级降低图形对象的对比度。

3) 如果对比度太高,可以通过"增强亮度"按钮 和"降低亮度"按钮 加以调整。

提示: 上述两类按钮虽然可以连续单击,但是操作过程中应注意观察每次单击后的效果,避免操作过度。

2.2.6.3 为图框填充背景颜色

此功能主要针对剪贴画、绘图形态等对象的处理,用于增加这类图形对象的修饰效果。

示例:对邀请函中的标题艺术字图框设置填充颜色(橙色)和线条颜色(蓝色)。具体操作步骤如下:

1) 继续前例。用鼠标右键单击艺术字标题框,显示被选中状态(见图 2—89)。

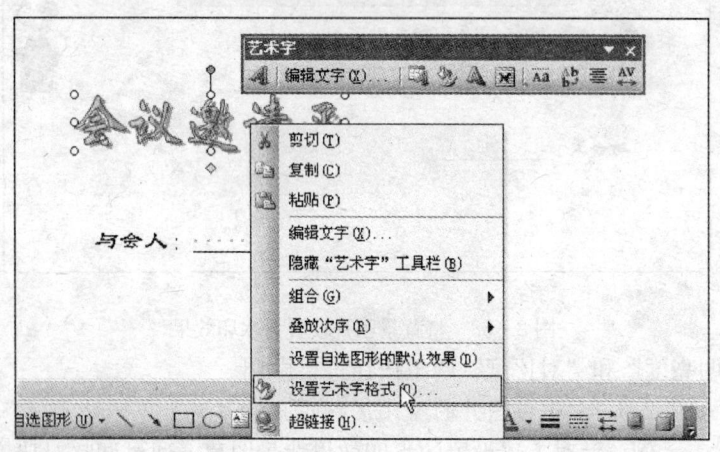

图 2—89 选择独立的图形对象

2) 单击鼠标右键,显示快捷菜单,单击"设置艺术字格式"命令,显示相应对话框(见图 2—90)。

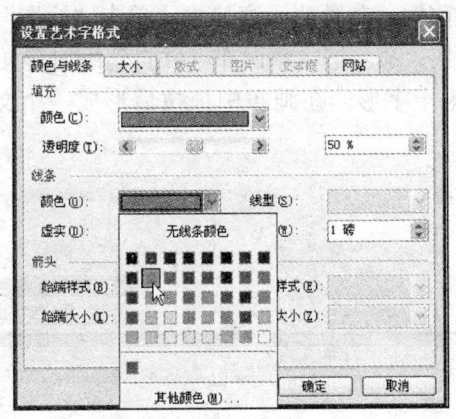

图 2—90 选择填充颜色

3）通过"填充"区的"颜色"框选择"橙色"；通过"线条"的"颜色"框选择"蓝色"，完成后单击对话框中的"确定"按钮，即可显示调整后的效果（见图 2—91）。

图 2—91 调整艺术字的填充颜色

2.2.6.4 运用图文混排功能完成邀请函制作

示例：在邀请函页面中添加主体内容——日程表。该表格制作于"画布"框中，形成灵活排版的状态。为突出主体内容，对表格和画布加以修饰以达到最终效果。下面分三个阶段完成制作过程：

（1）在页面中添加用于制表的画布框

操作步骤如下：

1）继续前例,在邀请函窗口中,单击"绘图"工具栏中的"文本框"按钮,显示嵌入型画布(并自动添加新页)。同时,鼠标光标显示为十字形。在画布中拖拉后形成一个文本框(见图2—92)。

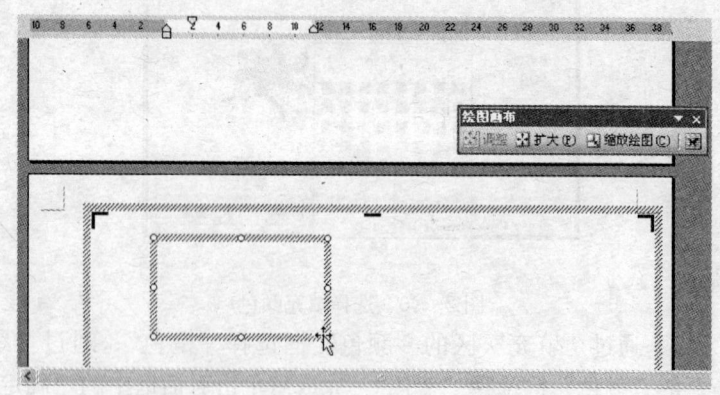

图2—92 建立画布并拖拉生成文本框

2）移动鼠标至画布框线位置并单击左键,显示画布定位标志(斜虚线框)。同时也显示"绘图画布"工具栏。

3）单击"绘图画布"工具栏上的"文字环绕"按钮,显示快捷菜单,选择"浮于文字上方"项。画布将返回邀请函页面(恢复一页)。

4）调整画布框对象大小的位置,使其位于邀请函页的中间,以方便在其中添加日程表(见图2—93)。

提示: 完成上述操作后,可以发现邀请函文档恢复成1页(前面添加一组图形对象后,由于版式关系自动生成了3页文稿),且抬头和落款文字显示其中。

(2) 在文本框内添加表格内容

1）在文本框中显示"I"形光标时,单击"常用"工具栏上的"插入表格"按钮,并拖拉表格结构(如3列6行),形成日程表的主体结构(见图2—94)。

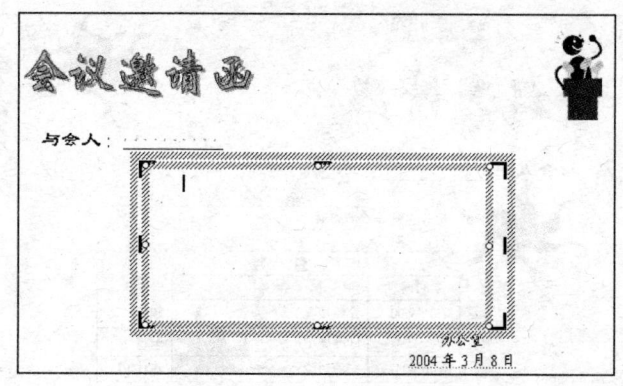

图2—93 调整画布框的状态、大小和位置

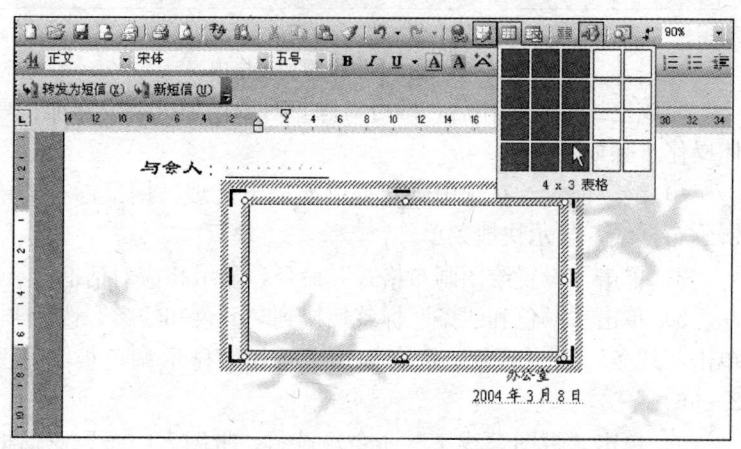

图2—94 在文本框中建立表格

2)单击表格第3行任意位置显示"I"形光标。单击"表格"菜单选择"拆分表格"命令,将新建表格分为上下2个小表,并在2个表格之间输入日程表标题,如"日程"。

3)此后,用本章前面介绍的表格编辑功能,完成上下2个小表的结构编辑、内容输入和修饰,形成邀请函的日程表内容(见图2—95)。

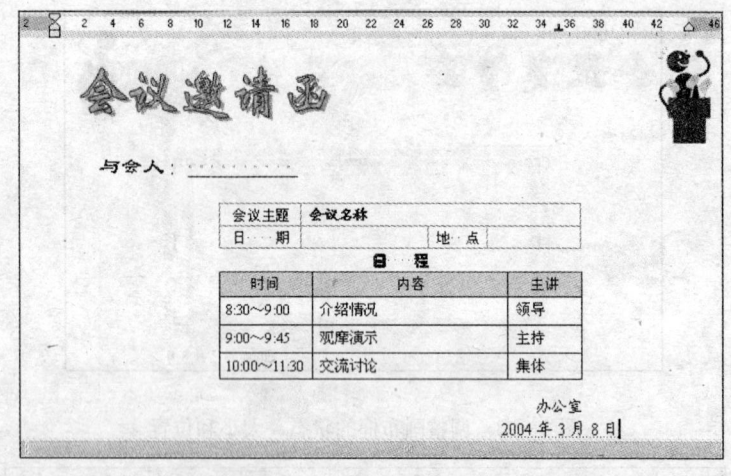

图 2—95　在文本框中添加表格内容

完成上述准备工作后，即可对画布对象添加框线的修饰。具体操作步骤如下：

1) 继续前例。在选中画布框的前提下处理。用鼠标右键单击画布框线，显示快捷菜单。

2) 单击"设置绘图画布格式"命令，显示相应对话框。

3) 单击"颜色和线条"标签切换到"颜色和线条"选项卡。单击"线条"区"颜色"框右侧选择按钮，显示调色板（见图2—96）。

4) 单击"带图案线条"命令，显示"带图案线条"对话框（见图 2—97）。

5) 从"图案"区选择一种图案（如"大纸屑"）。单击"前景"框选择按钮并选择一种颜色（如"海绿"）。单击"确定"按钮返回进入"设置绘图画布格式"对话框。

6) 通过"粗细"框设置框线的粗细（如"3 磅"）后，单击"确定"按钮返回页面，画布将添加带图案的框线（见图2—98）。

至此，一个美观实用的邀请函制作完成了。

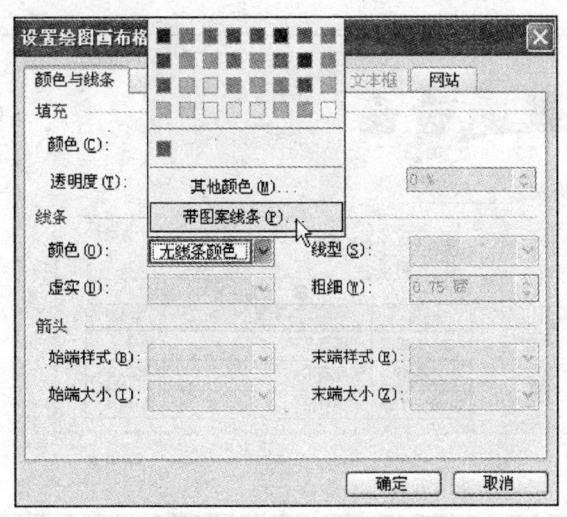

图 2—96 选择框线颜色

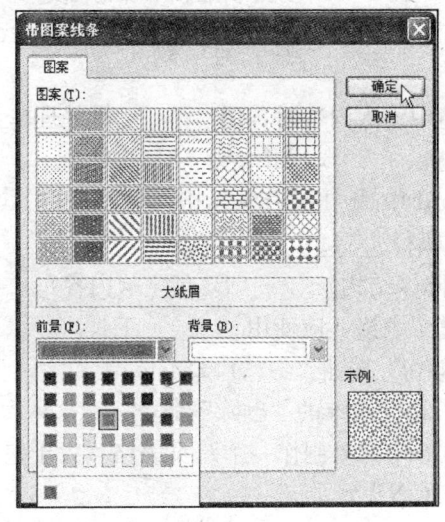

图 2—97 设置画布的框线

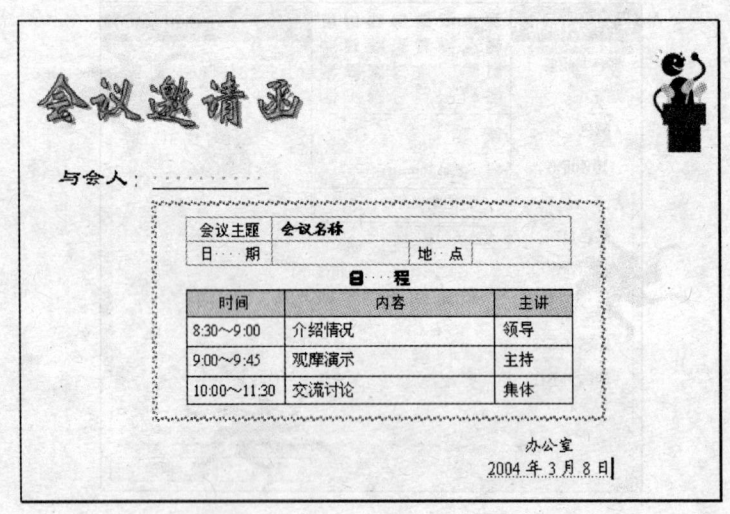

图 2—98 为画布添加带图案的框线

练 习 题

1. 在表格中输入内容时，用_____键处理单元格的切换。

  A. 空格　　　　B. Shift　　　　C. Tab

2. 在 Word 中选中一个单元格（显示反白），按键盘中的 Delete 键后将执行_____操作。

  A. 删除（结构）　　　　B. 清空（内容）

3. 删除整个表格，应使用_____工具。

  A. "剪切"按钮　　　　B. Delete 键

  C. "表格"菜单的"删除"命令

4. 在 Word 中如果制作一个跨页表格（大于整页），能否设置横向跨页显示表头？

  可以　□　　　不可以　□

5. 在 Word 中能插入的剪辑对象包括几种？请说出 3 种常见的剪辑类型。

3 种 □　　　5 种 □

说明：_____

6. 图形对象与文字对象在选中状态上有什么明显的差异？

　　文本对象被选中的标志是：_____。

　　图形对象被选中的标志是：_____。

7. 图形对象的定位标志存在两种形态，请说明两种定位标志与形态的关系。

　　尺寸控制点显示为"实心"状态，表示该图框可按_____形式参与排版。

　　尺寸控制点显示为"空心"状态，表示该图框可按_____形式参与排版。

8. 图框在编辑和修饰方面有哪些不同于文本对象的功能？（请至少选择三项）

　　多种排版方式 □　　移动位置 □　　旋转和翻转 □

　　重叠　　　　□　　组合　　 □　　水印　　　 □

9. 画布最大的特点是_____。

　　A. 组合其中的绘图对象　　B. 添加图片

　　C. 编辑图形对象

职业技能短期培训教材
第一批

序 号	教材名称	定 价
1	Windows XP 入门与应用	7.00元
2	文字录入与处理	8.00元
3	电子装接工基本技能	7.00元
4	餐厅服务基本技能	7.00元
5	客房服务基本技能	6.00元
6	烹饪基本技能	9.00元
7	美容基本技能	7.00元
8	美发助理	5.00元
9	保健按摩基本技能	6.00元
10	服装制作基本技能	12.00元
11	服装缝纫基本技能	5.00元
12	家庭服务基本技能	6.00元
13	家庭钟点服务基本技能	6.00元
14	月嫂服务实用技能	9.00元
15	超市仓库保管	7.00元
16	插花	9.00元

职业技能短期培训教材
第二批

序号	教材名称	定价
1	文秘基础知识与技能	12.00元
2	中式面点制作	7.00元
3	西式面点制作	6.00元
4	餐饮服务基本技能	12.00元
5	美发基本技能	7.00元
6	保健拔罐基本技能	7.00元
7	保安基础知识与技能	8.00元
8	家庭保洁	7.00元
9	婴幼儿护理	8.00元
10	护理员基本技能	9.00元
11	养老护理	6.00元
12	司炉工基本技能	8.00元
13	挡车工基本技能	7.00元
14	汽车修理基本技能	10.00元
15	冷作钣金工基本技能	7.00元